受　浙江大学文科高水平学术著作出版基金
　　中央高校基本科研业务费专项基金　资助

亦受　教育部重大攻关项目“科学精神、科学道德、
　　科研伦理、学术规范的构建与重塑研究”　资助

知识的命运·论丛
The Fate of Knowledge

Science, Existence and Politics

科学、存在与政治

孟 强 著

ZHEJIANG UNIVERSITY PRESS
浙江大学出版社
·杭州·

图书在版编目(CIP)数据

科学、存在与政治 / 孟强著. 一杭州:浙江大学出版社,2018.3(2023.7 重印)
(知识的命运文丛)
ISBN 978-7-308-17345-2

Ⅰ.①科… Ⅱ.①孟… Ⅲ.①科学哲学一研究 Ⅳ.①N02

中国版本图书馆 CIP 数据核字(2017)第 216181 号

科学、存在与政治
孟　强　著

丛书策划　陈佩钰　吴伟伟
责任编辑　陈佩钰(yukin_chen@zju.edu.cn)
责任校对　杨利军　孙　鹂
封面设计　程　晨
出版发行　浙江大学出版社
(杭州市天目山路 148 号　邮政编码 310007)
(网址:http://www.zjupress.com)
排　　版　浙江时代出版服务有限公司
印　　刷　广东虎彩云印刷有限公司绍兴分公司
开　　本　710mm×1000mm　1/16
印　　张　15
字　　数　190 千
版 印 次　2018 年 3 月第 1 版　2023 年 7 月第 3 次印刷
书　　号　ISBN 978-7-308-17345-2
定　　价　68.00 元

浙江大学出版社市场运营中心联系方式　(0571)88925591;http://zjdxcbs.tmall.com

总　序

“知识的命运”系列丛书今年终于能与读者见面了。这套丛书由论著和译著两个系列构成，主要涉及科学活动在当今社会生活中的境遇，以及学者们从哲学、政治学、社会学和人类学等不同角度所做的反思。

“知识”是一个古老而又时新的话题。在古希腊的哲学家那里，与“意见”(doxa)不同，“知识”或“科学”(episteme)是确证了的真理，从真理出发就奠定了西方主流的知识观。这种观点认为，知识一经产生就独立于它的生产者，成为一种不受时间和空间限制的普遍的、永恒的存在。如今，这样的想法逐渐为另一种知识观所取代，在这种观念中，首先，知识是在演化着的，无论是知识准则还是功能都发生了显著的变化。如果说希腊的知识以数学(几何学)为楷模而贬斥修辞学，中世纪的知识崇尚神学而抗拒巫术(神迹)，那么近代以来的知识则倡导实证而抵制形而上学。我们不可能为知识的演化设定目标，因为没有任何超验的力量或“上帝之眼”可以做到这一点。正如库恩所说的那样，我们只知道知识从哪里开始演化，却无法获悉并主宰它朝何方演化。其次，“知”与“行”始终是一体的。60 多年前，赖尔就试图区分两类知识,“know－that”(所知)与“know－how”(能知),“能知”不仅涉及认知能力,同时也涉及行为能力。当培根说“知识就是力量”时,他所谓的“知识”显然是指基于实验活动的“新科学”。在科学革命与产业革命之后,人们逐渐意识到,知识的增长不仅受认知驱动,同样也受产业(创新)驱动。

近代的科学革命无疑是一场知识观念的变革,不仅改变了知识的基本准则,也改变了知识的社会功能。通过18世纪的启蒙运动,科学被确认为人类一切认知的典范。在一个世纪前的今天,当陈独秀在《新青年》杂志上向中国这样一个非西方国家推介“德先生”时,在他眼里,科学已经成为衡量社会进步的唯一标杆。当时爆发的那场“科学与玄学”的论战,正如胡适所说的那样,是中国人向“赛先生”行的“见面礼”。不得不接受科学的启蒙,对于当时极其落后的中国和混沌不堪的文化状况来说,肯定是一件痛苦但是又不得不为之的事,因为知识已经与中国的国运牵扯在一起了。哲学家阿佩尔曾深刻地揭示了其中的困惑,“这些非欧洲文化已经并且还将不得不接受欧洲的技术工业生活方式及其科学基础,它们被迫与自身造成间距,被迫与它们的传统相疏远,其彻底程度远胜于我们。它们绝不能期望仅仅通过解释学的反思来补偿已经出现的与过去的断裂”[①]。

我们这里所理解的现代科学就是在拿破仑时期成型的,在19世纪被移植到德国,最终形成的一种制度化的科学。无论是哲学家还是社会学家,都是以此作为“原型科学”(proto－science)来设计科学共同体的认知规范与社会(伦理)规范。从此,知识开始进入了高速增长期,并且迅速扩展到不同的地区和民族。知识之所以能够突破各种文化和传播屏障,是因为人们对知识的信任是建立在严格并且统一的制度基础上的。这也是现代知识有别于传统知识的地方。知

① 卡尔-奥托·阿佩尔:《哲学的改造》,孙周兴、陆兴华译,上海译文出版社,2005年,第70—71页。

识的“客观性”源自一种严格受规范约束的知识生产方式。

不过，知识的演化并未就此打住。进入20世纪，尤其在二战之后，出现了一些新的研究模式。一是所谓的“大科学”(big science)，政府或者军方出于民族国家的核心利益，集中大规模的资金来构筑大规模的平台，强势地介入了知识的生产过程。二是“产业科学”(industrial science)的兴起，改变了“为科学而科学”的格局，科学进步的动力学也由兴趣（求知）驱动转向了“创新”驱动。由于上述研究模式多少都偏离了“原型科学”的发展轨迹，也有人称之为“后学院科学”或者“后常规科学”。

新文化运动已过去一个世纪了，这次，自上而下，中国人终于以主动的姿态迎接知识生产方式的转型。这一次同样也事关国运。当然，与一个世纪前一样，也肯定会经历磨难。在那些适应了“原型科学”的科学家和哲学家看来，新的研究模式多少颠覆了既有的规范化要求，并且与学术的失范现象，以及“功利化”“行政化”的趋向脱不了干系。再说了，这样一种新的知识生产模式究竟能否被确认为一场知识观念的变革，以及它究竟是不是一种不可逆的演变趋势，学界还存在争议。

我们这套丛书正是以这样一种新的视角介入这场争议，并试图对知识演变的趋势做出确认。至少，下述几个方面的变化值得引起读者的注意。

首先，科学已经成为一项公共的事业，而不只是存在于少数知识精英和技术专家头脑中并且自以为是的东西。知识的有效性必须以别人的实际认可为前提。从这个意义上说，科技专家与产业、政府人士，乃至社会公众一起共同构造了知识。当科技知识渗透到社会的每一个角落时，这项事业就已经没有旁观者了，只有实际的参与者。这就意味着，知识的主体必定是共同主体，创新需要各方协同才能进行。也正因为如此，不同的价值与规范体系之间需要经历艰苦的协调与重塑过程。

其次，科学不再是一项纯粹的理智事业，它通过技术手段深度介入自然与社会过程，引发不可逆的后果，甚至带来生态的、社会的和伦理的风险。随着研究过程中复杂性与不确定性的增大，因果性模式被相关性模式所取代，任何准确预测的努力都有可能化为泡影。更重要的是，由于涉及不同的利益，政策歧见与争议也不断延伸，尤其在一些涉及公众健康与安全、动植物保护和环境等敏感议题上导致了公众对科学的信任危机，甚至还会引发族群的分裂。要解决这样一些问题需要有一种新的治理方式和新的协同机制。在拉维兹看来，“这也意味着，科学的进步已经成为政治事件。科学共同体的所有成员都与‘科学政策’的决定如何下达有着密不可分的关系，至于所有的市民，他们至少都得间接地对这些决定的下达承担责任”[①]。

由此可见，知识的命运不仅涉及国家的命运，知识精英的命运，甚至也关乎每个社会公众的命运。因此，不仅需要“公众理解科学”，同时也需要“科学理解公众”，只有这样方能构建起一个新的命运共同体，并且只有这样才能真正理解，为何知识的命运就是我们自己的命运。真心希望这套丛书所选择的每一本书都有助于读者把握住自己的命运。

盛晓明

2017 年 11 月 20 日

① Ravetz, J. R. *Scientific Knowledge and its Social Problems*. Oxford: Clarendon Press, 1971, p. 3.

前　言

民主与科学——新文化运动时期被亲切地称作“德先生”与“赛先生”，代表着近代以来中国知识分子的精神诉求。在那个命运多舛的岁月，人们殷切希望它们能够救国民于水火，将中国引向自由富强的康庄大道，并承担起开民智的启蒙使命。百年之后，我们所处的生活世界发生了翻天覆地的变化，当前的科技、经济、政治与思想格局远远超出了前辈们的想象。历史的距离感既赋予我们不同的视域与眼光，也向我们提出了一系列必须直面的新问题。其中，一个值得认真对待的现象是科学与民主之间的内在张力。

科学与民主关系紧张？这难道不是耸人听闻吗？根据一般看法，科学与民主分属不同的领域。前者关涉知识与真理，后者关涉权力的分配及其合法性；前者以认识世界为宗旨，后者代表着理想化的政治秩序。这是两个互不隶属的范畴，根本不存在冲突的可能。更有甚者，如波兰尼(Michael Polanyi)在20世纪40年代指出的那样，科学与民主之间存在强烈的亲和性，自由、平等与批判的科学精神同时亦是民主气质的展现。因此，五四知识分子将民主与科学相提并论是很有道理的，二者共同构成了启蒙与现代性的精髓。

20 世纪以来，一个不可逆转的发展趋势是科学技术愈来愈多地参与公共生活。从宏观角度看，科学家与科学共同体大量介入政治事务，充当政治智囊，并实质性地影响着各种公共政策。从微观角度看，当代每个人的生活方式、思维方式以及“周围世界”的存在方式无不带有科学技术的深刻烙印。日益专门化、精致化的专家知识与日新月异的技术产品无孔不入，不仅塑造着每个人的身份，而且左右着人们对世界的感知。福柯意义上的“权力/知识”在技术科学(technoscience)时代表现得可谓淋漓尽致。

当科学成为一种力量(power)，它与民主的关系将随之一变。科学的权威性奠基于知识合理性——远至柏拉图，近至维也纳学派，对此均深表赞同。然而，知识合理性与政治合法性是完全不同的范畴。作为政治合法化手段，民主观念自近代以来逐渐深入人心，并在 20 世纪成为广泛的政治现实。根据民主理想，任何权力的实施都应当在受众面前赢得合法性，否则将沦为霸权。如今，科学尽管已经深度参与政治生活，却一再凭借知识合理性而抵制政治合法化要求。在众多科学家及其支持者看来，科学具有最高程度的知识权威性，公众没有理由加以拒绝，除非是出于愚昧。在普罗大众看来，作为政治力量的科学不能仅凭知识合理性而逃避政治合法化要求，更别提知识合理性自身已经深陷怀疑的泥潭。结果，科学与民主之间呈现出史无前例的张力，围绕新兴科技议题引发的各种争议便是有力的佐证，例如转基因、垃圾处理、核电站等。这种形势是五四知识分子始料未及的，却是我们不得不面对的。

如何面对？怎样缓解科学与民主之间的张力，进而批判性地继承五四遗产？这既是一个迫切的现实议题，也是一个严肃的理论议题。与通常的科学政治学研究不同，本书不打算涉及如下主题：科技政策的演变、科学与政府的关系史、科学家的政治角色、民主的制度性安排等。我感兴趣的是，如何在认识论与存在论层面重构适当的科学观念与政治观念，从而为科学民主化开辟学理空间。

从思想史上说，流传至今的科学观念与政治观念起源于柏拉图的《理想国》：科学作为知识（episteme）被定位于理念世界，而政治则被束缚在洞穴之中。《理想国》的政治规划是用"知识"克服"意见"（doxa），用科学拯救政治，将政治合法性奠基于知识合理性。这正是柏拉图提出"哲学王"的核心旨趣。如今，当科学业已介入政治生活，知识/意见的坐标系业已无法充当思想指南时，《理想国》的政治规划必须重写，指导方针是将民主作为科学之政治合法化的途径。在"理想国"破灭之后，科学不再高居理念世界之庙堂，它必须学会与"洞穴人"共处，并通过共处而重新赢得政治合法性，以免自己沦为霸权。这一规划有赖于同时重构我们的科学观念与政治观念，将认识论、存在论与政治学作为同一个问题的不同侧面。

这样做难道想解构科学、抛弃真理？绝非如此。20世纪下半叶以来，人们见证了太多的现代性/后现代性、合理性/相对主义的无休止争吵。本书无意卷入其中，毋宁说它的初衷是尝试寻找一条特殊的思考路线——既不同于普遍主义，也不同于解构主义。它的取向是存在论，而不是认识论。或者借用拉图尔（Bruno Latour）的话说，它既不是现代的，也不是后现代的，而是非现代的（nonmodern）。

希望本书不仅能够关照当下之处境，亦能算作对五四启蒙运动的些许追忆。启蒙作为理念是一项"未完成的规划"，甚至注定是一项"不可能完成的规划"，因为启蒙者始终要承担起自我启蒙的重任，没有什么可以超越批判充当启蒙的工具，真理、科学、民主均不例外。启蒙具有什么确定的实质性内涵吗？对此，我半信半疑。启蒙让我们始终采取永恒批判的精神姿态吗？对此，我深信不疑。

目　　录

导　论:科学 vs 政治

“人天生是一种政治动物,一个出于本性而不是由于偶然而不属于某一个城邦的人,他不是一个恶人,便是一位超人。”[①]亚里士多德如是说!那么,科学家属于哪一类?人,恶人,还是超人?

长久以来,求知(episteme)被誉为科学家的天职,揭露世界的真相是科学家的最高使命。为此,他们应当自觉地远离城邦(polis),放弃污秽不堪的政治生活,冲破一切利益之枷锁,以超越者的姿态审视万事万物。根据亚里士多德的定义,科学家显然不应是“人”。他们是超人吗?对于希腊人而言,追求知识的生活是理论生活(theoretikos),它比所有的实践(praxis)和创制(poiesis)活动都要高贵。“这是一种高于人的活动,我们不是作为人而过这种生活,而是作为在我们之中的神。”[②]神或超人是天生的非政治动物:上帝是超凡脱俗的唯一者,超人则不愿委身于任何群体。然而,超人距恶人仅咫

① 亚里士多德:《政治学》,载苗力田主编:《古希腊哲学》,北京:中国人民大学出版社,1989年,第577页。

② 亚里士多德:《尼各马科伦理学》,载苗力田主编:《亚里士多德全集》(第八卷),北京:中国人民大学出版社,1994年,1177b25—30。

尺之遥。超人一旦返回城邦，很可能变成全民公敌。因此之故，雅典人处死了苏格拉底！

超人也好，恶人也罢，科学家原则上不应归属任何城邦，真理必须与政治严格划清界限。科学反政治！——这是古希腊思想家留给后人的重要精神遗产。时至今日，它依然深刻影响着我们的思维方式，以致任何将科学与政治相提并论的做法无不沦为批判的标靶。在此背景下，“科学政治学”(politics of science)这个称谓本身显得如此矛盾，如此荒唐。你怎么能对非政治甚至反政治的科学作政治学考察呢？这就如同谈论“圆的方”或“方的圆”那样不可理喻。我们一再被告知，科学与政治、真理与权力、认识论与政治学是水火不容的，千万不要冒天下之大不韪将它们混为一谈。对科学作政治学探究是不允许的，科学政治学原则上是不可能的。

有人会立即提出异议：这一论断看似有理，事实上严重违背历史。20世纪中期以来，作为一个新兴的研究领域，对科学的政治学研究或“科学政治学”已经如火如荼地开展起来。科学共同体的分层和权力结构、科学家与政府的互动关系以及科学对政治决策的影响力等一系列主题受到学术界前所未有的重视，相关成果可谓汗牛充栋。对此，谁也不能置若罔闻。的确，科学与政治是当代思想家不容回避的课题，因为二者从未如此紧密地相互交织。一方面，科学共同体越来越受制于国家的科技政策，科学家们千方百计进行政治游说以获取更多的科研资源。另一方面，政府部门越来越依赖科技智囊团提供必不可少的专业知识，否则行之有效的政策难以出台。以科学家的政治角色、科学与政府的互动为主题的科学政治学研究具有举足轻重的现实意义。

历史事实的确如此。逻辑与历史常常无法令人满意地统一，甚至有时是背道而驰的。在我看来，尽管现有的科学政治学研究具有重要现实意义，但它们大部分没有或者不愿触碰科学反政治的思想传统。对此，不妨与科学社会学(sociology of science)对照一下。众所周知，由罗伯特·默顿开创的科学社会学对科学的社会建制、科学家的社会角色、科学的精神气质等问题进行了细致而系统的研究，并取得了丰硕的成果。然而，令人诧异的是，它始终对知识议题保持沉默，拒绝深入到科学的"内核"。直到 20 世纪 60 年代末科学知识社会学（SSK）的兴起，这一局面才有所改观。在此之前，科学社会学只是关于科学家和科学共同体的社会学，无关乎知识、真理、合理性等知识论议题。谈论科学却忽略知识，这实在令人匪夷所思。眼下，科学政治学的处境与默顿学派的科学社会学有几分相似。一方面，它们热衷于讨论科学共同体与政治进程的各种互动关系；另一方面，它们却拒绝将知识、实在与政治相提并论。为什么会这样？我猜测，绝大多数的科学政治学探究不自觉地沿袭了古希腊以降的科学反政治传统。据此，科学家尽可以游走于政治舞台，乃至争当政治明星，但科学之为科学是非政治甚至反政治的。

在此背景下，我们如何构想科学与民主的关系？启蒙运动以降，凭借上帝、血统或习俗等为统治权的合法性进行辩护，这类做法遭到广泛质疑。自由、平等、个体权利等政治理念得到了前所未有的张扬。在此进程中，民主作为一种新的合法化手段引起了政治思想家的浓厚兴趣，并在 20 世纪成为广泛的政治现实。根据民主理想，我们原则上不再能够区分统治者与被统治者，二者具有同一性：被统治者同时是统治者，反之亦然。由此，自律与他律实现了和解，个体自由与群体秩序被有效地统一起来。然而，无论民主理念多么诱人，都与科学格格不入。根据古典观念，episteme 或 scientia 意味着普遍必然的知识和真理。既然是真理，便没有商讨的余地。它无须征得受众的普遍同意，是任何有理性的人都必须无条件接受的。从这个意义上说，科学不仅是反政治的，更是反民主的。另一方面，相比于君主制、独裁制等政体，民主确有自己的优势，它能够凭借统治者与被统治者的同一性原则避免暴政与霸权。但是，它只能活跃于非科学、非真理的公共领域——柏拉图所说的"洞穴"。一旦接近科学，民主必须服从"真理的专制",多数原则或者商谈原则与真理毫无关系。

20世纪下半叶,思想界弥漫着某种喧嚣与骚动。倘若用一句话概括,那就是对科学的焦虑。经过后现代主义、女性主义、解构主义、后殖民主义的一连串打击,普遍性、客观性、自主性、价值中立、无私利性等优良品质遭到层层拆解,古典的科学、知识与真理形象风雨飘摇。科学曾经是启蒙思想家披荆斩棘的利器,如今却成为怀疑和嘲弄的对象。1781年,康德在《纯粹理性批判》第一版序言中把自己所处的时代称作"批判的时代":一切都必须接受理性的检验,一切都必须诉诸理性的法庭。但自然科学例外,因为它已经获得了牢固的基础。[①] 康德乐观地以为,"先天综合判断"或科学是否可能的问题已经由哥白尼、伽利略和牛顿作了肯定的回答。相比之下,当代人显然缺乏那股智力的勇气和信念。我们首先必须面对的问题不再是"先天综合判断如何可能",而是"先天综合判断是否可能"。在我们这个时代,科学不再是解决问题的手段,而变成了问题的一部分。即便是胡塞尔这位坚定的希腊主义者,晚年也在为克服"欧洲科学的危机"做着不懈努力。[②]

思想界的焦虑并非空穴来风,而与当代科学的现实处境有着千丝万缕的联系。与17世纪不同,当今的科学技术或"技术科学"(technoscience)早已与政治、经济、军事等领域相互渗透。尽管科学共同体的自主性与独立性依然是广受赞誉的理想,但也仅仅是理想罢了。科研活动所需的资金、人员和制度支持,研究成果潜在的伦理和价值风险,政府对科研方向的政策性引导,所有这一切均无法为科学家所单独掌控。另一方面,技术科学日甚一日地渗透到生活的各个角落,极大地影响着人们的思维方式、存在方式和感知方式。在这

① 康德:《纯粹理性批判》,邓晓芒译,北京:人民出版社,2004年,Axii。为了行文需要,某些段落参照Smith英译本略作修改,以下不再逐一注明。参见Immanuel Kant, *Critique of Pure Reason*, trans. Norman Kemp Smith, London: Macmillan, 1929.

② 胡塞尔:《欧洲科学的危机与超越论的现象学》,王炳文译,北京:商务印书馆,2001年。

种情况下,无论科学多么理性,真理多么诱人,都远不能消除人们对科学之强力(power)的忧虑,更不用说环境破坏、空气污染、核废料、转基因等一系列现实或可能的风险了。面对这股无所不在的现实力量,人们迫切要求采取某些规约性措施,甚至期望将其纳入到民主政治的架构之中,以免它沦为霸权——未经合法化或抵制合法化的力量。然而,科学反政治的思想遗产使得上述努力困难重重。人们一再被告知,科学是一项纯粹的求知事业,真理怎么可能通过民主达成呢?理性的公众可以接受科学,非理性的公众可以拒绝科学,但他们无论如何也不可能制造科学。因此,将科学纳入民主之下,这简直是无稽之谈。结果,科学家与公众在一系列议题上动辄剑拔弩张,科学与民主之间呈现出史无前例的紧张关系。

凡此种种,无不昭示出一种我们必须面对的问题处境:当代科学的形态发生了怎样的变迁?倘若知识合理性成为疑问,科学的权威性何在?应该如何重构一种更加适当的科学观念?它还能以真理的名义拒绝民主诉求吗?如果不能,应该以何种方式缓解科学与民主的张力?为此,需要对民主观念作怎样的调整?这些问题相当棘手,听起来令人望而却步,却迫在眉睫。本书主张,为了缓解科学与民主的紧张关系,为了避免科学沦为霸权,必须放弃科学反政治的思想传统。作为一项兼具理论意义和现实意义的课题,重构科学与政治的关系必须提上议事日程。

无疑,这是一项艰巨的任务。该从何着手呢?如前所述,在科学与民主之间制造张力的是科学反政治的希腊传统。为此,必须首先对这笔遗产进行清算。这项工作显然属于科学政治学范畴,但目前的科学政治学工作并不令人满意。它们在很大程度上将主题限定为"政治中的科学"(science in politics),即科学在政治中的地位、作用和影响力。对于"科学中的政治"(politics in science),它们或者保持沉默，或者敬而远之。[1] 为此，我提倡将科学政治学贯彻到底：抛弃科学反政治的希腊遗产，拆解科学/政治的二元结构，将认识论、存在论（ontology）[2]与政治学统一起来。只有这样，才能真正彻底地重构科学与政治的关系，为缓解科学与民主之间的张力扫清思想障碍。这将成为本书的中心任务。

这是一项不可能完成的任务吗？它不是过于宏大、过于沉重了吗？胡塞尔曾经说过，哲学研究应该将大钞票兑换成小零钱。那就让我们从小零钱开始吧！第一个论题属于"考古学"：是谁开创了科学反政治的思想传统，进而否定了科学政治学的逻辑可能性？

一、科学取消政治

公元前399年，苏格拉底因"不信神"和"败坏青年"两条罪状被雅典政府判处死刑。这对柏拉图产生了巨大震撼，同时也让他十分恼怒。但恼怒归恼怒，如想为先师翻案，必须有理有据。苏格拉底之死意味着什么？"意见"（doxa）战胜了"知识"（episteme），政治战胜了科学。在柏拉图眼中，恩师俨然是知识与真理的化身，雅典人处死这样一位热爱智慧的"哲学家"，理据何在？于心何忍？指控苏格拉底"不信神"和"败坏青年"只是政治家的借口，最根本的原因在于他们无知。权力的倾轧、利益的争夺和道德的沦丧，这一切将政治家束缚在"意见世界"，无法知晓真理与科学为何物，以至于将苏格拉底视为城邦的敌人而判处死刑。柏拉图反其道而行之：苏格拉底不该死，该死的是雅典政治；政治不应戕害科学，应该用科学取消政治！

第一步，柏拉图将所有参与城邦政治的人均赶入黑暗潮湿的"洞

---

① 随着行文的深入，"科学中的政治"也无法涵盖本书的主旨。这里，将"政治中的科学"与"科学中的政治"区别开来只是权宜之计。

② 近年来，由于受到海德格尔研究的影响，国内许多学者提倡将 ontology 翻译为"存在论"或"存在学"，此前通行的译法是"本体论"。本书拟采用"存在论"的译法。

穴”，给他们套上冰冷的锁链。《理想国》中的洞穴比喻尽人皆知，柏拉图以寓言的形式表达了自己对政治本性的看法。什么是洞穴？这是一个愚昧、无知、自私自利的权力场。它等同于“可感世界”——虚幻的、变动不居的意见世界。参与政治一度是希腊人的荣耀，甚至是自由民的特权。伯里克利时代的雅典政治不断为后世思想家所追忆，这从一个侧面证明了政治的高贵品质。譬如，汉娜·阿伦特(Hannah Arendt)推崇备至的“公共领域”(public realm)即以雅典的城邦政治为原型。① 但是，经柏拉图之手，政治变得一文不值，其认识论、存在论和伦理学的意义丧失殆尽：参与城邦生活的人不具有真正的知识，尚停留在模糊的、不确定的意见之中；他们身居流变的现象世界，是二等世界的公民，还未上升到纯粹的理念世界；他们不知道什么是正义本身，什么是善本身，不可能真正拥有德性，因为德性的基础在于知识。借助于洞穴比喻，柏拉图对政治概念进行了史无前例的改造，参与政治从光荣变成了耻辱。

毫无疑问，这是一种极端反常识的政治概念。任何参与城邦政治生活的人都会断然拒绝柏拉图对政治观念的改造，无法接受自己是“洞穴人”，更不可能承认自己一无所知。至少，政治人知道如何做事，具备治国安邦的实践智慧(practical wisdom)。但是，在柏拉图眼中，实践智慧与知识相比算不上什么，后者隶属于超验的理念世界。可见，只有置于“两个世界”的框架内，这个政治概念才不那么反常识。这是柏拉图的第二步。与现象世界相对照的是理念世界、可知世界或科学世界。倘若不对它作出设定，洞穴就不成其为洞穴，政治就没那么面目可憎。在两个世界理论中，现象世界所缺失的东西，恰好是理念世界的建筑材料：知识、善、理性、美、存在等。意见世界是

---

① Hannah Arendt, *The Human Condition*, Chicago: University of Chicago Press, 1958, chap. 2。阿伦特对行动(action)与劳动(labor)的区分，特别是有关公共领域的论述，在很大程度上不同于近代政治观念。在她看来，参与政治是人之为人的前提条件，近代自由主义传统则认为政治是派生性的。

一个尔虞我诈的政治世界，理念世界则是纯而又纯的科学世界。前者太人性但不理性，后者不人性却很理性。然而，能够将人类从洞穴中解救出来的，恰恰是这个不人性却很理性的世界。

如此，一系列二元对立便宣告完成：意见/知识，黑暗/光明，现象/本质，政治/科学。时至今日，它们依然深刻影响着我们的思维方式。譬如，普世主义者主张，所有的文化和社会都是洞穴，科学之为科学正在于它能够走出洞穴，超越一切社会文化情境。相对主义者和后现代主义者则义无反顾地投身于各种各样的洞穴之中，但也活得战战兢兢，生怕有一天洞穴会轰然倒塌，自己被暴露在光天化日之下。

第三步，柏拉图在两个世界之间搭建起一座特殊的桥梁。现象世界与理念世界如此不同，它们如何沟通呢？通过哲学家——亦可称作"科学家"，根据定义他们都是拥有或渴望拥有知识的人。哲学家是第一批挣脱枷锁、看到阳光并且返回洞穴拯救人类的先知。一方面，哲学家是超政治的。作为知识与真理的追求者，他们必须远离意见世界，不能归属于任何城邦，并游离于任何共同体之外。另一方面，哲学家肩负一项伟大的历史使命。他们应当将真理与科学散播给人类，用理性之光照亮黑暗的洞穴，将人类从洞穴中解救出来。不经哲学家的引导，洞穴人永远处于黑暗与无知的意见世界。他们自以为满腹经纶，学富五车，实际上一无所知，所闻所见均是幻影，更不可能具有崇高的德性。18 世纪的启蒙运动无疑继承了柏拉图的精神。所谓启蒙（Enlightenment），正是凭借理性之光照亮人类的心灵，驱除愚昧、无知与盲从。倘若不预设光明/黑暗、理性/愚昧的等级结构，启蒙概念将丧失意义。于是，柏拉图提出了著名的"哲学王"概念：

> 除非哲学家成为我们这些国家的国王，或者我们目前称之为国王和统治者的那些人物，能严肃认真地追求智慧，

> 使政治权力与聪明才智合而为一……否则的话，我亲爱的格劳孔，对国家甚至我想对全人类都将祸害无穷，永无宁日。①

哲学王是科学与政治的综合体，兼具知识合理性与政治合法性。他一方面拥有至高无上的政治权力，另一方面又是知识和真理的拥有者。然而，哲学王的政治地位并不是靠商谈或选举等政治手段取得的，其政治合法性来源于知识合理性。在柏拉图看来，政治领域内的问题纯粹诉诸政治手段是无法解决的，后者不过是乌合之众的把戏，不具备自我救赎的能力。只有科学能为政治提供合理而美好的前景。然而，理念世界本身是超验的，必须借助于哲学家这一理念世界的现实化身，它才能够指导政治实践。因此，作为知识和真理的拥有者，哲学家理应成为政治领袖。原本，政治问题只能借助于政治手段解决，共同体的政治秩序不能求助于共同体之外的力量来确立，比如暴力或强权。然而，由于柏拉图对政治概念作了史无前例的改造，政治共同体原则上丧失了追求真善美的一切能力。在柏拉图看来，城邦应该解散，雅典集市应该停止论辩，所有人都要在哲学家面前洗耳恭听，坚决拥护哲学王的领导。如今看来，柏拉图的政治蓝图与极权主义无异，"理想国"很不理想。

无论如何，雅典处死苏格拉底犯下了不可饶恕的错误。怎么能用政治屠杀科学呢？应该反其道而行之，用科学取消政治，用真理解散议会。这正是柏拉图的主旨。②

---

① 柏拉图:《理想国》，郭斌和、张明竹译，北京:商务印书馆，2002 年，473D。

② 本节参考了拉图尔的叙述，参见 Bruno Latour，*Politics of Nature*: *How to Bring the Sciences into Democracy*，trans. Catherine Porter，Cambridge: Harvard University Press，2004，pp. 10-18.

二、古典科学与近代科学

如若接受两个世界理论，柏拉图用科学取消政治的做法显然具备充分的说服力。而且，历史证明，柏拉图的叙事策略事实上是非常成功的，它得到了后世思想家的广泛认同。现在的问题在于，柏拉图所说的科学与我们现代人的科学有什么关系？近代科学究竟在什么意义上可以算作一场革命？它仅仅是科学内容的变迁，抑或还涉及科学之存在方式的转换？哥白尼、伽利略和牛顿所代表的近代科学与古典科学的区别究竟是什么？它是对古典科学理想的贯彻还是反叛？

根据古典观念，科学是具有普遍必然性的知识。柏拉图心目中的科学典范是几何学。几何学的独特性在于，它的有效性不依赖于任何经验，完全基于理性证明。在论及希腊思想史的时候，法国哲学家米歇尔·塞尔(Michel Serres)一针见血地指出，希腊人是知识存在者(beings of knowledge)。在他们的心目中，几何学并非如埃及人理解的那样来自土地丈量这类经验活动，"它来自天堂"。[①] 在漫长的中世纪，这种科学观念一直被保留下来。正如哈金(Ian Hacking)所说，在中世纪的认识论中，科学(scientia)是关于"普遍必然真理的知识"。[②] 这种观念中经笛卡尔、康德等人，一直延续到胡塞尔那里。在《欧洲科学的危机与超越论的现象学》中胡塞尔这样写道：

> 科学并不是在理论兴趣中的朴素的认识，而是从现在起有某种批判属于其本质——一种原则上的批判，这种批

① Michel Serres, *The Natural Contract*, trans. Elizabeth MacArthur and William Paulson, Ann Arbor: University of Michigan Press, 1995, p. 56.

② Ian Hacking, *The Emergence of Probability*, Cambridge: Cambridge University Press, 1975, p. 20.

> 判能够从"原则上"证明每一步认识活动都是正当的，它在每一步上都包含这样一种意识，即一般来说，具有这种形式的一个步骤必然是正确的步骤……因此，认识是真正的认识，被认识的存在并不仅是误以为的存在，而是在确切意义上被认识的存在本身，在认识中表明其正当性的存在。①

古典科学追求的是始基或第一因，它的特征是严格性、彻底性与必然性。换言之，它是关于世界及存在的终极知识。这种科学理想实际上应该叫作"第一哲学"(prima philosophia)。所谓"第一哲学"，它能够必然地说明一切，而且无须借助于任何外部根据便可自我说明。显而易见，经验观察无论如何也无法满足上述要求，经验的偶然性、随机性与古典科学理念是格格不入的。总之，古典科学与经验无关，它的方法是静观(theoria)和思辨，其存在方式是超越性(transcendence)——超越一切经验同时能够必然地说明一切经验。

17 世纪之后，人们对科学的理解发生了巨变。在近代思想家看来，作为思辨和静观的科学是教条的、僵化的。它非但不能促进知识的进步，反而窒息了探索和创新精神。"希腊人的智慧是论道式的，颇耽于争辩；而这恰是和探究真理最相反的一种智慧。"②为此，弗朗西斯·培根力图为"新科学"锻造一种"新工具"，它与亚里士多德的"旧工具"的最大区别是对经验的重视。在培根看来，科学的进步与知识的繁荣离不开对大自然的观察和测量，"动力因"必须取代"目的因"成为科学优先探讨的主题。对于近代科学的变迁，怀特海在《科学与近代世界》中作了这样的描述：

---

① 胡塞尔：《欧洲科学的危机与超越论的现象学》，王炳文译，北京：商务印书馆，2001 年，第 343—344 页。

② 培根：《新工具》，许宝骙译，北京：商务印书馆，1984 年，第 47 页。

> 伽利略所喋喋不休的是事物如何(how)发生,而他的对手们则对事物为何(why)发生有一套完整的理论……如果认为这次历史性反叛是对理性的倡议,那就大错特错了。相反,这是一次十足的反理智主义(anti-intellectualist)运动。它回到了对无情事实(brute fact)的研究,从中世纪思想的僵化理性上退了回来。[①]

在我看来,近代科学是对古典科学理想的反叛。为了认识自然,必须走向自然,对纷繁复杂的现象进行控制、观察、实验和归纳,而不能从第一原理出发对世界进行逻辑演绎。由此,科学的超越性让位给了内在性(immanence),或者借用杜威的话说,“参与者式的认识论”取代了“旁观者式的认识论”。如果说在柏拉图那里,科学被定位于超越性的理念世界,那么近代科学首先是海德格尔意义上的“在世存在”(In-der-Welt-Sein)。从古典科学向近代科学的转变过程实质上是从思辨、静观转向实验、介入的过程,是动力因取代目的因的过程,是内在性取代超越性的过程。这一论断难免有简单化之嫌,但足以刻画近代科学的核心特征。[②]

在此背景下,我们殊难想象以实验和介入为基础的近代科学能够满足希腊人的普遍必然性要求。最先认识到这一点的是休谟。在他看来,作为自然科学之基础的因果律并不具有逻辑必然性,因与果之间的联系不过是恒常性联想罢了。因此,整个近代科学都是可疑的。的确,以古典科学理念去衡量近代科学,后者根本无法满足scientia 的要求。即使康德凭借《纯粹理性批判》回应了休谟对自然科学的怀疑,最终也没能扭转上述局面。在康德那里,尽管先天概念

---

① Alfred Whitehead, *Science and the Modern World*, New York: Macmillan, 1925, p. 9.

② 本节旨在突显古典科学与近代科学的差别,有意忽略了一些关键议题,比如近代科学对柏拉图主义的继承,近代科学的形而上学基础,数理科学与“培根科学”的关系等。

或范畴对于认知主体而言是必然的，然而，这种先天必然性并不等于逻辑必然性，因为我们逻辑上可以设想另一组迥然不同的范畴而不自相矛盾。正因为如此，康德只能对范畴进行描述，而无法将其演绎出来。[①]

尽管以胡塞尔为代表的一大批哲学家依然坚守古典科学理想，但是近代科学与之渐行渐远无论如何都是不争的事实。面对这种巨变，胡塞尔满怀伤感地哀叹，欧洲科学遭遇了严重危机，病源恰恰在于它背弃了古典科学理想，将终极性和彻底性抛诸脑后，只迷信事实，“将哲学的头颅砍去了”。[②] 假如柏拉图在世，他也会拒绝我们现代人称之为科学的一切东西。然而，这丝毫没能阻止自然科学的高歌猛进，似乎休谟的怀疑论从未发生过。

这样，柏拉图用科学取消政治的构想便宣告破产。根据柏拉图的划分标准，一切偶然之物均属于意见世界，不具有普遍必然性。倘若如此，与古典科学渐行渐远的近代科学也不例外。它不再是古希腊意义上的“知识”，不再具有超越性品质，而只能停留在意见世界。相应地，哲学家既不能作为“两个世界”的沟通桥梁，更丧失了充当“哲学王”的资质。最终，科学家或许与所有人一样住进洞穴，并被永久地套上枷锁。

三、书写“现代宪法”

但是，上述推论显然是荒唐的，与现代性的精神气质完全相左。从康德到海德格尔，从卡尔纳普到库恩，没有人会接受这样的疯狂结论。近代科学对古典知识理念的反叛并不意味着它就此堕落为“意

① Quentin Meillassoux, *After Finitude: An Essay on the Necessity of Contingency*, trans. Ray Brassier, New York: Continuum, 2008, p. 38.

② 胡塞尔：《欧洲科学的危机与超越论的现象学》，王炳文译，北京：商务印书馆，2001年，第22页。

见”,科学家就此降格为“洞穴人”。怀特海所说的“反理智主义”并不等于反理性主义。事实恰恰相反。近代科学非但没有因为背离古典科学理念而丧失权威性,它甚至成为一切知识的楷模。我们一再被告知,近代科学革命是一场伟大的知识革命,它扫除了一切黑暗、愚昧与无知,指引人类走上真理的康庄大道。宣称科学家是洞穴人,科学与浑浊不堪的政治为伍,知识与权力携手同行——持此类看法的人不是疯子,就是无可救药的后现代主义者。从 17 世纪直到今天,科学/政治、知识/权力、认识论/政治学的边界非但没有随着知识/意见之等级结构的坍塌而趋于模糊,反而得到精心维护。任何胆敢越界的人都会被无情地打入相对主义和非理性主义阵营,尼采与福柯堪称反面典型。

科学/政治的现代二元结构,拉图尔(Bruno Latour)称之为“现代宪法”(the modern Constitution)。[①] 众所周知,宪法是对政治权力的分配、运行及其制衡关系的基本规定,它在很大程度上决定了政治体制和政治结构的轮廓。“现代宪法”本质上亦关涉权力的分配。与通常意义上的宪法概念相比,“现代宪法”更具基础意义。不知从何时起,现代世界发生了严重分裂:主体与客体、自然与社会、事实与价值、自由与必然、描述与规范……这幅分裂的图像已经深深地融入现代人的脑海中,成为挥之不去的集体无意识。根据现代宪法,科学的合法领域是独立于人而存在的自然,这是一个知识与理性的舞台。政治的合法领域是独立于自然的人类共同体,这是一个权力和利益的竞技场。归属于科学一方的是客体、事实、必然与描述。归属于政治一方的是主体、价值、自由与规范。这一存在论与认识论意义上的权力分配格局,拉图尔称之为“现代宪法”。

这部宪法的影响如此之深远,以至于一些关键词的含义都随之

---

① Bruno Latour, *We Have Never Been Modern*, trans. Catherine Porter, New York: Harvester, 1993, p. 15.

发生了改变。以 representation 为例,这个词在科学哲学和政治哲学中均占据重要地位。在科学哲学及认识论中,representation 通常译作"表象"。它大体上意指我们关于客观实在的知识,包括概念、命题、理论、模型、图表等。在政治哲学特别是民主理论中,这个词常常译作"代表",即选民以特定方式指定自己的代言人。乍一看,这两者之间丝毫没有关系,前者涉及的是主体的认知方式,后者特指代议制民主的安排。然而,这一语义学分裂只是近代之后才出现的。根据马克·布朗(Mark Brown)的考证,representation 来源于拉丁文 repraesentare,意思是"使之在场或使之呈现",在中世纪晚期以前主要"涉及在语言、艺术、戏剧和宗教中对事物的描绘或具象化(embodiment)"。[①] 可是,在现代宪法的架构下,我们无力将其重新统一起来,认识论与政治学被认为毫无共通之处,二者的边界被小心翼翼地维护着。

言归正传,我们的疑问是:在近代科学背弃古典理念,在知识/意见的等级结构宣告瓦解之后,"现代宪法"是如何书写的? 科学与政治的二元结构是如何确立起来的? 科学何以能够合法地研究自然而无涉于政治? 政治何以与自然无关而仅关涉人类共同体?

全面解答这些问题是不可能的,而且远远超出了本人的能力。为此,我们不妨参照一个著名的科学史案例。[②] 1985 年,夏平(Steven Shapin)和谢弗(Simon Schaffer)出版了《利维坦与空气泵》。这部经典著作对波义耳与霍布斯在 17 世纪 60 年代和 70 年代展开

① Mark Brown, *Science in Democracy: Expertise, Institutions, and Representation*, Cambridge: The MIT Press, 2009, p. 4.

② 在如何解读《利维坦与空气泵》问题上,夏平、谢弗与拉图尔之间产生了很大的分歧。这本书的两位作者认为,这项工作贯彻了科学知识社会学(SSK)的路线,它是科学知识社会学的演练。在拉图尔看来,SSK 的主旨是用外部(社会)解释内部(知识),但这本书研究的恰恰是外部与内部的划分过程。在波义耳和霍布斯论战之前,并不存在内部/外部、内容/情境、科学/政治。所以,将该书理解为"现代宪法"的书写史更富于创造性和想象力。

的论战进行了极为出色的研究。众所周知,波义耳是近代实验科学的奠基人,这种知识生产方式至今依然是自然科学的首要范式。霍布斯是政治思想史上的经典人物,《利维坦》长久以来是政治哲学家的必读书。然而,夏平和谢弗告诉我们,波义耳和霍布斯身兼“自然哲学家”(科学家)与政治哲学家双重身份。波义耳的政治哲学与霍布斯的自然哲学之所以在历史教科书中消失得无影无踪,固然与当代学科分化有关,更与“辉格史”脱不了干系。

实验室和实验方法是科学研究的核心。对此,没有人会有异议。科学家整日在实验室中忙忙碌碌。对此,人们早已司空见惯。离开实验,何谈科学呢?这似乎是不言自明的。然而,实验科学并非来自天堂,并不具有先天的合法性。那么,它是如何被合法化的呢?在知识/意见的等级结构瓦解之后,对此只能采取“内在性解释”而不是“超越性解释”。[①] 这正是《利维坦与空气泵》所贯彻的思路。夏平和谢弗告诉我们,实验科学的起源及其合法化是一项历史性的实践构造。他们试图通过考察波义耳与霍布斯之争,来重现这一构造过程的历史片段。这场争论本质上涉及谁有权代表自然说话,谁有权代表公民发言,如何维持这种权力分配格局。实验方法为何能够确立科学事实?波义耳的辩护基于三种技术:制造空气泵的物质技术,传播实验的文字技术,以及控制实验共同体的社会技术。然而,霍布斯从根本上否认实验科学的合法性。他对波义耳的反驳如下:以发现自然事实为己任的实验科学无法提供因果说明,因而违背了哲学理念;气泵在设计上存在致命缺陷(如漏气),无法发挥波义耳赋予它的辩护功能;如果存在“真空”,英国复辟时期对政治秩序的追求与渴望

---

① 这两个词需要稍作说明。所谓“超越性解释”,即诉诸超验的存在、理念或先天的规范来说明特殊的实践活动。所谓“内在性解释”,即放弃超验性和先天性,通过描述现实的实践过程来说明知识、真理、实在等。斯唐热(Isabelle Stengers)将内在性解释的艺术比作幽默(humor),它并不试图寻找基础,而是置身于现实的地基和土壤之上。参见 Isabelle Stengers, *The Invention of Modern Science*, trans. Daniel Smith, Minneapolis: University of Minnesota Press, 2000, chap. 4.

便成为空中楼阁；见证事实的共同体本质上是私人的而非公共的，因为它树立了一个苛刻的准入门槛。在《利维坦与空气泵》中，两位作者围绕上述议题作了细致入微的历史考察。

波义耳与霍布斯之争的结果我们都很清楚。波义耳的实验科学获得了成功，自然事实成为实验科学的合法研究对象，霍布斯的自然哲学沦为历史笑料，将科学与政治相提并论的做法被严令禁止。可以说，这是科学的"内部"(insides)与"外部"(outsides)的划分过程，是科学与政治分野的过程。在此之前，实验科学尚未确立起来，无所谓外部/内部、情境/内容。对此，夏平与谢弗有着清醒的意识：

> 我们发现自己反对当前科学史的一些趋势，该趋势主张我们应该少谈些科学的"内部"与"外部"，我们已经超越了这些过时的范畴。远非如此；我们还未开始理解相关的问题。我们依然需要搞清楚，这些边界—约定(boundary-conventions)是如何发展起来的……[①]

将实验科学空间标注出来，同时意味着将一些东西排除在边界之外。这个被排斥的空间正是政治空间。两位作者说道："把政治移出科学的语言恰恰是我们需要去理解和说明的。"[②]这个遭到排斥的空间是霍布斯的政治哲学所指向的政治领域。令人遗憾的是，夏平和谢弗的工作仅完成了一半，因为霍布斯的政治学并没有得到公平对待。在拉图尔看来，夏平和谢弗所使用的"权力""利益""政治"等概念均是霍布斯的发明，正是后者为现代政治奠定了基础。把后一部分补上，现代宪法的书写史方显完整。

---

① Steven Shapin and Simon Schaffer, *Leviathan and the Pump*, Princeton: Princeton University Press, 1985, p. 342.

② Steven Shapin and Simon Schaffer, *Leviathan and the Pump*, Princeton: Princeton University Press, 1985, p. 342.

如今，人们早已遗忘了现代宪法的书写过程，以至于将科学/政治的二元结构看作理所当然的出发点。由此，科学被祛政治化，政治被祛科学化，二者本质上变成了相互排斥的范畴。这并不只是因为现代人健忘，思想家们的希腊情结更起到了推波助澜的作用。面对近代科学革命的伟大成就，哲学家们赞叹不已，非但没有认识到它背离了古典理想，反而认为它完美地实现了这一理想。当人们将古典理念强加给近代科学的时候，就不可避免地犯下了“年代学错误”，科学由此被意识形态化、“木乃伊化”。[①] 古埃及人在法老死后将其制作成木乃伊，希图使之不朽。现代思想家胸怀类似旨趣，为了坚持古典理念，不惜制作科学的木乃伊：真实的科学实践并不重要，重要的是知识产品；科学史很混乱，应该进行合理重构；“发现的情境”(context of discovery)留给社会学家和心理学家，我们只关心“辩护的情境”(context of justification)；认知活动改造着研究对象，让我们在认识论与存在论之间竖起一道屏障……这样，原本作为历史实践产物的科学/政治便获得了先天的正当性，现代宪法成为无可置疑的出发点，而追踪现代宪法书写史的做法遭到嘲笑，先天性怎么可能有历史呢？

四、通往科学民主化之路

在此背景下，若有人胆敢拉近科学与政治之间的距离，科学家、哲学家、社会学家和历史学家会群起而攻之，并列举无数史实作为反面教材。在他们眼中，“纳粹科学”与“李森科事件”是血的历史教训，足以证明科学的政治化会招致怎样的灾难性后果。在这个问题上，20世纪40年代前后曾经爆发过一场著名的论战。1939年，左派社

---

① Ian Hacking, *Representing and Intervening*, Cambridge: Cambridge University Press, 1983, p. 1.

会学家贝尔纳(John Desmond Bernal)在《科学的社会功能》中提出了"规划科学"方案,试图把科学发展纳入到政治体制之中,以更好地为社会主义事业服务。[①] 对此,波兰尼极力抗议。在他看来,科学研究需要自主性,远离政治是科学发展的必要条件。科学共同体是一个高度自治的"共和国","任何以指导科学家工作为职责的中心权威都将令科学进程陷入停顿"。[②] 最终,这次争论以自由主义的胜利宣告结束,科学的自主性成为常识,以致默顿和库恩在探讨科学的时候完全撇开了政治议题。[③] 这与现代宪法的精神多么吻合!

可是,现代宪法并非神圣不可侵犯,科学/政治的二元结构并非来自天堂。为了拆除科学与政治之间的屏障,首先必须纠正思想家们所犯的"年代学错误",恢复"科学木乃伊"的生机与活力。采取什么路线?走向科学实践(scientific practices)。这意味着放弃希腊以降的超越性理想,将科学视为一项现实的、在世的实践活动。对于这条学理路线,我后面将其概括为"能动存在论"(agential ontology)。那么,这是否意味着人们视之为瑰宝的科学只是意见?科学家亦身处黑暗潮湿的洞穴?绝非如此。尼采说得对,我们无须在诸二元范畴之间作非此即彼的选择,譬如知识/意见、现象/本质:

> 我们已经废除了真正的世界:剩下的是什么世界?也许那个虚假的世界?……但是不!连同那个真正的世界,我们也把那虚假的世界废除了![④]

换言之,应该从超越性走向内在性,并基于内在性重新理解原有

---

① 贝尔纳:《科学的社会功能》,陈体芳译,桂林:广西师范大学出版社,2003年,第13章。

② 波兰尼:《科学、信仰与社会》,王靖华译,南京:南京大学出版社,2004年,第171页。

③ Stephen Turner, "The Third Science War," *Social Studies of Science*, 33(4), 2003, p. 607.

④ 尼采:《偶像的黄昏》,卫茂平译,上海:华东师范大学出版社,2007年,第64页。

的超越性，比如实在性、合理性、真理等。

这条科学实践之路既不同于康德以降的认识论范式，也不同于社会建构论（social constructivism）。从康德到逻辑实证主义，认识论无一例外地将自己的任务规定为辩护（justification）。它的主旨是努力为科学的合理性和普遍性奠基，以确保科学超越意见。社会建构论则反其道而行之，它宣称知识是社会建构的，科学只不过是众多意见之一而已。它们表面上针锋相对，水火不容，实际上均采取了"超越性解释"。转向科学实践意味着认同"内在性解释"：任何对科学的说明均须基于科学实践本身，关于科学的话语与科学自身的话语是同一的。借用德勒兹（Gilles Deleuze）的话说，我们寻找的是"地基"（foundation）而非"根据"（ground）：

> 我们必须区分根据与地基。地基与土壤（soil）有关：它表明某物是如何建立在土壤之上的，它是如何占据和拥有土壤的；相反，根据来自天堂，它从制高点下降至地基，然后借所有权（ownership）之名去衡量占有者与土壤。①

落实到现代宪法，这意味着科学/政治的二元结构根本不具有先天性，而是历史性的实践产物，它绝不应该作为理解科学实践与政治实践的出发点。而且，正如《利维坦与空气泵》所揭示的那样，这一历史构造本身就是政治的，是将科学祛政治化、政治祛科学化的过程。毋庸赘言，这绝不等于将科学还原为政治，将知识还原为权力，因为诸如此类的还原已经预设了现代宪法，注定会陷入荒谬境地。

倘若如此，以现代宪法的名义拒绝对科学作政治学考量变得不合时宜了。那么，这是否意味着科学具有政治性呢？在此，必须区分

---

① Gilles Deleuze, *Difference and Repetition*, trans. Paul Patton, New York: Columbia University Press, 1994, p. 79.

两种政治观念:“洞穴政治”与“宇宙政治”(cosmopolitics)[1]。在柏拉图看来,政治是洞穴人的把戏,是赤裸裸的权力与利益的较量,有待科学去拯救。基于洞穴政治,科学政治学只能作出如下选择:或者将科学打入洞穴,或者使科学远离洞穴。既然我们已经放弃了科学/政治的二元结构,便没有理由保留柏拉图的政治观念。亚里士多德提供了另一种选择:人天生是一种政治动物,在城邦共同体之外不存在任何超越性立足点。所谓政治,本质上涉及我们如何共同生活,如何内在性地构造理想的公共世界(common world)。科学是政治的,这首先意味着它参与着公共世界的构成,重构着共同体的秩序,并为共同体的其他能动者(agents)所不断重构。从这个意义上说,科学非但没有超越政治,反过来恰恰内在于政治——后亚里士多德式的“宇宙政治”。这就是“宇宙政治中的科学”(science in cosmpolitics)。

进一步看,倘若《理想国》的政治规划——将政治合法性奠基于知识合理性——不再合乎时宜,如何重构科学的政治合法性?为此,必须首先对科学进行政治批判,使之真正安于内在性位置。本书主张,科学的政治批判不应采取先验批判的方式,而应当是参与性的、实践性的。参与性批判不仅有望为科学的政治合法化提供根据,而且将为科学民主化构想奠定基础。根据这一构想,科学的政治合法化本身包含着科学民主化诉求,这最终将为我们缓解科学与民主的张力指明学理方向。作为宇宙政治共同体的成员,科学应当在“城邦”之中赢得自己的政治位置,而不能以真理之名免除政治责任。

以上是本书的路线图。

五、内容预览

第一章考察当代思想界的“实践转向”,这旨在为科学实践研究

---

[1] 关于 cosmopolitics 的翻译及其含义,第三章将作详细说明。

的登场做背景铺垫。从古希腊开始，理论思辨传统一直占据主流地位，这源于西方人对确定性的追求，后者只有通过“理论”才是可能的。实践转向正是要从上述传统中摆脱出来，从旁观者的立场走向参与者的立场。通过对亚里士多德、马克思和尼采等人的追溯，以及对海德格尔与后期维特根斯坦的分析，本章论述了实践哲学的历史谱系，勾画了实践理论的当代语境、主题及其后果。

第二章在科学实践研究的基础上提出“能动存在论”的思想路线，它将为改造科学观念提供指引。近代以来，认识论取代形而上学成为“第一哲学”。对此，以海德格尔和梅洛-庞蒂为代表的现象学存在论尽管表现出了极大的不满，最终亦未能完全挣脱。随着科学实践研究的推进，认识论的科学观念逐渐成为问题。通过考察布鲁尔(David Bloor)与拉图尔之争，我主张科学哲学应当放弃认识论范式，走向存在论。相应地，认识论的科学观念应该让位于存在论的科学观念。能动存在论坚持生成(becoming)决定存在(being)，处于“内在性平面”中的诸异质性能动者之间的互动过程决定了实在、知识、真理的形态与性质。据此，科学既不是超越性理念，也不是对世界的静态表象，更非社会建构。毋宁说，它首先意指一个后人类主义(post-humanist)的动态实践场。该实践场是非二元论的、异质性的、开放的。科学哲学的任务是展示生成，而不是否定生成或为生成提供先天的规范。

为了拆解科学/政治的对立结构，仅仅反思科学是不够的，还需改造政治，第三章即致力于这项工作。首先，柏拉图的“洞穴政治”与近代以来的“权利政治”都是不恰当的。洞穴政治奠基于两个世界理论，它已经不合时宜。权利政治奠基于社会契约论，塞尔以令人信服的方式揭示了其中的困境。接着，本章讨论了亚里士多德的“共同体政治”。这是一种内在性的政治观念，政治的结构与秩序并非来自超越性理念，而是由共同体成员内在性地构建的。最后，借助于斯唐热(Isabelle Stengers)的工作，这一章论述了“宇宙政治”概念：政治从根本上涉及异质性能动者之间的非等级的共存方式,而科学作为一个动态的实践场恰恰内在于宇宙政治。结论部分提出,科学是宇宙政治的,但绝不是洞穴政治的。

将科学重新政治化以后,接下来两章分别以知识与实在为中心议题。第四章首先指出,根据能动存在论与宇宙政治学,认识论与政治学不再相互排斥。在这方面,福柯凭借"权力/知识"做出了开创性的贡献。然而,他的权力概念常遭误解,其形而上学或存在论意义被严重低估,后者在方向上与能动存在论是一致的。接着,借助于劳斯(Joseph Rouse)的工作,"权力/知识"被拓展到自然科学,并借此克服了福柯的"不对称"。然后,借助于斯唐热的工作,我尝试回答:为什么科学尽管是被构造的,依然具有真理性?为什么它尽管不是普遍的,依然是一种独特的"意见"?结尾部分对认识论与政治学的关系进行了总结,并讨论了一些可能的后果。

第五章的主题是实在性。科学实在论与反实在论之争是一个经久不衰的话题。能动存在论放弃了这场争论的前提,即认知主体与对象的二元论。首先,本章援引了福柯的"历史存在论"。在他看来,存在具有历史性,主体的存在方式是历史构成的。然而,将事物排除在历史存在论之外,这样做有欠妥当。接着,我追溯了海德格尔与拉图尔对"物"的看法。二者均认为,物作为聚集与政治学具有内在相关性。区别在于,海德格尔否定了对象的聚集性,拉图尔则坚持科学对象亦有聚集性。然后,借助于拉图尔的"实像主义",本章探讨了建构性(聚集性)与实在性之间的关系:建构与实在是统一的,科学对象的超越性恰恰奠基于科学实践的内在性。这样,实在并非外在于政治,它恰恰是政治的产物,存在论政治学(ontological politics)或事物政治学变得可能了。结尾部分对前述线索进行了概括并得出如下结论:认识论、存在论与政治学是统一的。

最后一章旨在修改《理想国》的政治规划,在科学的政治批判的基础上提出一种科学民主化构想,进而尝试缓解科学与民主的张力。

面对“宇宙政治中的科学”，对科学进行政治批判显得尤为紧迫。然而，批判在何种意义上是可能的？康德以来的批判概念大多设定某种规范性基础，而对规范性的论证常常诉诸必然性。维特根斯坦和劳斯的工作表明，这种批判观念存在不可克服的困境。为此，我采纳了福柯式的参与性批判，并以权力及其抵抗为例作了说明。在我看来，科学的政治批判应当采取参与性批判的形式。另一方面，麦瑞斯(Noortje Marres)对李普曼/杜威之争的重新解读提出了一种独特的民主概念——以议题为导向的民主。根据这一概念，对科学的参与性批判本身恰恰表现为民主的形式。这样，科学民主化在理论上变得可能了，它是科学的政治合法化的内在要求。而且，爱普斯坦(Steven Epstein)的艾滋病案例研究表明，它不仅具有理论的可能性，亦具有现实的可行性。

第一章　当代思想界的实践转向

导论谈到，为了纠正思想家们的“年代学错误”——将古典科学理念强加给近代科学，为了恢复“科学木乃伊”的生命力，为了重构更加适当的科学图像，应当采取的路线是转向科学实践。那么，转向科学实践是什么意思？难道只是把科学家的所作所为如其所是地描述出来吗？这种描述有何独特之处？这些问题提醒我们，看似简单的“实践转向”(practice turn)其实并不简单。“实践”以及与之相对的“理论”有着深刻的思想史意蕴，各自背负着迥然不同的认识论和存在论印记。为此，在讨论科学实践之前，我打算对“实践转向”本身做一番思想史梳理，以便为后续讨论搭建宏观舞台。

如今，谈论实践似乎已经成为一种时尚。社会学、人类学、哲学、文学批评、文化研究等领域，无不将实践视为核心范畴。譬如，海德格尔谈论此在(Dasein)的“在世存在”，维特根斯坦谈论“语言游戏”，伽达默尔谈论解释学实践，哈金谈论实验室实践。社会理论家史蒂芬·特纳(Stephen Turner)说道：“实践看起来是20世纪哲学的消失点(vanishing point)，这个世纪的主要哲学成就现在被广泛理解为有关实践的主张，即便它们最初不是用此种语言表述的。"[1]对于这股学术风向，有人甚至主张用"实践转向"加以归纳。[2]

又是转向！当前，学术界的转向多如牛毛，让人眼花缭乱，甚至惹人生厌："语言学转向"、"后现代转向"、"解释学转向"、"自然主义转向"、"社会转向"、"认知转向"……似乎不提出某种转向，就不能称其为哲学。又或许，转向本身恰恰证明了思想的浮躁与创造力的枯竭。对于五花八门的转向，我们无须被标新立异的修辞学外表所迷惑，而应当通过追问三个最基础的问题揭示其本质：从何处转？转向何处？为何要转？对待实践转向也不例外。下面将围绕这三个方面对它展开讨论，并特别阐明"理论"与"实践"背后的思想史脉络。[3]

一、何谓"理论"？

提到"实践"，人们自然会联想到"理论"。确实，在日常用法中，"理论"与"实践"是相对的。理论有时被斥为抽象的、学究式的、耽于思辨的，有时被誉为纯洁的、无私利的、求真的。转向实践则意味着放弃抽象和思辨，走向丰富多彩的现实生活。当然，这也面临着风险，比如丧失中立性、缺乏批判意识、迷失于幻象等。这些看法都有一定的道理，但有道理未必有教益。至少就眼下的讨论而言，它们远未揭示出理论与实践所包含的思想史意义。为了准确把握实践转向，让我们首先回顾一下哲学史，看看"理论"究竟意味着什么。

---

① Stephen Turner, *The Social Theory of Practices*, Chicago: University Chicago Press, 1994, p. 1.

② 参见 Theodore Schatzki et al., eds. *The Practice Turn in Contemporary Theory*, New York: Routledge, 2001. David Stern, "The Practical Turn." in Stephen Turner and Paul Roth eds., *The Blackwell Guide to Philosophy of the Social Sciences*, Oxford: Blackwell, 2003, pp. 185-206.

③ 本章部分内容亦可参见孟强：《当代社会理论的实践转向：起源、问题与出路》，《浙江社会科学》2010年第10期；孟强：《从表象到介入——科学实践的哲学研究》，北京：中国社会科学出版社，2008年，"导论"。

自古以来,西方人对知识与科学推崇备至,科学的严格性、彻底性与确定性让所有其他事物相形见绌。如今,这种理想遭到了女性主义、后现代主义、解构主义、后殖民主义的重重挑战,显得举步维艰。即便如此,对普遍性、必然性与超越性的追求从未停止过。据说,我们的时代是相对主义和怀疑主义的时代,各种激进思潮风起云涌,启蒙价值被束之高阁。然而,这反过来恰恰证明普遍主义理想远未销声匿迹。很难想象,倘若没有普遍主义,相对主义还有什么意义。杜威将西方人的这种精神气质称作"追求确定性"(the quest for certainty)。[①] 假如没有确定性,人类就丧失了根基,知识大厦会轰然倒塌,启蒙将成为空中楼阁,科学势必退化为教条。那么,如何获得确定性? 如何通达知识? 答案是:"理论"(theoria)。

在希腊文中,theoria 的源始含义是"看"。这并无特别之处,任何视力正常的人都有能力看。可是,theoria 意义上的"看"很独特,它是摆脱各种操劳活动之后纯粹的"看",是作为旁观者的"看"。[②] 现实世界中的人总要参与各种活动,要过政治生活、经济生活,维持生计,争名逐利。在世之人无可避免地要从当下的旨趣出发看待万事万物。如此一来,普罗泰戈拉的"人是万物的尺度"将成为难以逃脱的宿命。为避免这样的结局出现,柏拉图提出参与者和实践者的"看"只能获得"意见",绝非通达"知识"的正当方式。哲学家的天职是求知,为此他必须与"在世存在"划清界限。亚里士多德提出,从事哲学需要闲暇(schole)。何谓闲暇? 阿伦特的解释堪称精彩:

> Schole 并不是我们所理解的休闲时光,不是一整天劳

---

① John Dewey, *The Quest For Certainty: A Study of the Relation of Knowledge and Action*, New York: Minton, Balch & Company, 1929, chap. 1. 中文译本参见杜威:《确定性的追求》,傅统先译,上海:上海人民出版社,2004 年。

② 阿伦特认为,"理论"即源自希腊文 theatai(旁观者),参见 Hannah Arendt, *The Life of the Mind: Thinking*, New York: Harcourt Brace & Company, 1978, p. 93.

作之后停下来消遣的剩余时光——劳作是为“生存所迫”，而是故意的回避行为，故意让自己从日常欲望所决定的普通活动中隐匿，以便闲暇地行动，后者反过来成为所有其他活动的真正目标，正如亚里士多德认为和平是战争的真正目标一样。[①]

在《存在与时间》中，海德格尔把“在世存在”最终归结为“操心”(Sorge)，schole恰恰是它的反面，即不操心的自由状态。从字面上看，school(学校)和scholar(学者)均源于schole。据此，学校应当是不为世事所累的闲暇之地，学者应当是摆脱世俗诱惑的闲暇之士。这番分析表明，以“闲暇”为前提的theoria并不是日常意义上的“看”，而是作为旁观者的、非参与性的、纯粹的“看”。杜威将这种思想方式概括为“旁观者式的认识论”可谓相当贴切。

作为旁观者，能看到什么？“知识”。柏拉图曾经讲述过灵魂转世的故事。在人出生之前，灵魂已经存在。它一度生活在理念世界，一度知晓美本身、善本身、正义本身。[②] 因为不幸跌落人世，为肉身所累，灵魂暂时忘记了知识。所谓认识，不过是回忆罢了：通过看到具体事物回想起被遗忘的知识。参与者终生为局部视角所累，无法以超越性的姿态将知识回忆起来。只有哲学家，一方面眼盯现世，另一方面以理念为终极归宿，才能真正掌握世界的本质与基础。为了追求科学，为了追求确定性，必须采取theoria意义上的观看方式。由此，一个源远流长的传统被牢固地树立起来：理论态度优于实践态度，旁观者立场优于参与者立场。

理论的优越地位特别体现在希腊人的知识分类中。亚里士多德

① Hannah Arendt, *The Life of the Mind: Thinking*, New York: Harcourt Brace & Company, 1978, p. 93.

② Eidos的原初含义是“外观”“形状”“相”。它与“看”有着直接的关系。

把所有活动分为理论(theoria)、实践(praxis)和创制(poiesis)。创制科学相当于我们所说的实用性知识,比如建筑学和医学,此外还包括诗学和文学艺术。创制与技艺(techne)有关,与事物的生成有关。实践包括伦理学和政治学,它与善和幸福有关。尽管它也相关于生成,但与创制不同,实践的目的不在外部,"良好的实践本身就是目的"。[①] 理论活动则包括物理学、数学和神学或者"第一哲学"。理论活动的对象是永恒之物、第一因和本质,它的目标是普遍必然的知识,与一切生成和变动无关。亚里士多德没有像巴门尼德和柏拉图那样把真理与意见严格对立起来,承认实践活动具有崇高的价值。但他仍然认为,与创制和实践相比,理论生活是最高的幸福。[②]

两千多年来,由柏拉图和亚里士多德开创的这种思想传统从未中断过,尽管一再遭到挑战。它已经深深渗透到西方哲学的血液中,成为一种独特的精神气质。《名哲言行录》中关于毕达哥拉斯的一段话,不啻为这种气质的缩影,今天读起来依然悦耳:

> (毕达哥拉斯)把生活跟赛会做比较:在那里有些人去是为了竞争奖品,有些人去是为了出售货物,但最好的是作为旁观者(theatai);因为与此相似,生活中有些人天生一副奴隶的品性,贪恋名誉(doxa)和利益,而哲学家则追求真理。[③]

二、实践哲学的双重谱系

理论态度以终极性和永恒性为目标,期望一劳永逸地把握"多"

---

① 亚里士多德:《尼各马科伦理学》,载苗力田主编:《亚里士多德全集》(第八卷),北京:中国人民大学出版社,1994年,1140b5-10。

② 亚里士多德:《尼各马科伦理学》,载苗力田主编:《亚里士多德全集》(第八卷),北京:中国人民大学出版社,1994年,1177b25-30。

③ 拉尔修:《名哲言行录》,马永翔等译,长春:吉林人民出版社,2003年,第505页。

背后的“一”，现象背后的本质，流变背后的不变之物。如今，时代精神已经变迁，基础性与终极性不再显得那么魅力十足。在此背景下，实践哲学再次成为一条可行的思想路径。在世存在、生活世界、语言游戏、解释学情境、默会知识（tacit knowledge），所有这些我们耳熟能详的名词无不表达着某种实践关怀。然而，实践哲学绝非现代人的独创，它有着源远流长的谱系。从历史的角度看，有些思想家一方面承认理论思辨的基础地位，另一方面力图为实践哲学寻求一个适当的位置。比如，康德主张将理论哲学与实践哲学区分开来，强调认识论与伦理学具有截然不同的对象、目标、规范和方法。[①] 有些思想家则激进得多，他们从根本上拒绝理论思辨传统，力主用实践哲学取而代之，甚至将其提升至“第一哲学”的高度。这构成了实践哲学的双重谱系。

在古希腊，亚里士多德已赋予实践哲学以独立性，这与柏拉图有很大的差别。在亚里士多德看来，尽管理论生活具有无可置疑的崇高地位，但并不能因此否定实践活动的价值。理论对应于思辨，实践对应于人的现实活动；理论归属于认识论，实践归属于伦理学；理论相对于可知世界，实践相对于伦理世界。苏格拉底主张“德性即知识”，期望把伦理学奠基于认识论之上。在亚里士多德看来，实践活动与理论思辨不同，它们针对不同的对象，而且涉及灵魂的不同部分。在实践领域，人的目标是善，活动的对象是特殊的、个别的。诸如此类的活动需要 phronesis 而不是 nous 或 sophia。实践活动与善恶有关，与人在特殊条件下的选择有关。理论则对应于普遍性，与真

① 在《判断力批判》中，康德对技术实践与道德实践进行了区分。倘若决定意志规则的是自然概念，那么这些规则就是“技术上实践的”（technically practical）。倘若决定意志规则的是自由概念，那么这些规则就是“道德上实践的”（morally practical）。前者只是对理论哲学的补充，后者则独立地构成了实践哲学。参见康德：《判断力批判》，邓晓芒译，北京：人民出版社，2002 年，第 6 页。英文版参见 Immanuel Kant, *Critique of the Power of Judgment*, trans. Paul Guyer and Eric Matthews, Cambridge: Cambridge University Press, 2000, p. 60.

假有关。Phronesis 在亚里士多德的实践哲学中是一个非常重要的概念。它既不同于努斯(nous),也不同于狭义的感觉和经验:

> 明智(实践智慧)显然并不是科学,如上所说,它们以个别事物为最后对象,只有个别事物才是行为的对象。明智与理智相对立。理智以定义为对象,这不是理性所能提供的。明智以个别事物为最后对象,它不是科学而是感觉。不是某种感官所固有的感觉,而是在数学对象中,用来感觉个体三角形的那种感觉,并在那里停止脚步。[①]

概而言之,与柏拉图不同,亚里士多德赋予了实践哲学以相对独立的位置。这深刻影响了后世对实践哲学的理解,以至于一提到它,人们就自然而然地联想到伦理学或政治学。[②] 然而,除此以外,我们不应忽略另一种更加激进的实践哲学传统,这一传统的典型代表是马克思、尼采和实用主义者。他们的目标不在于论证实践哲学之于理论哲学的相对独立性,而试图从根本上颠覆理论思辨传统,甚至将实践哲学作为“第一哲学”。

在古希腊,“理论”不纯粹是认识论概念,它还带有浓郁的形而上学色彩。在柏拉图看来,通过理论看到的理念本身具有超验的存在论属性,后者构成了可感世界的本质和基础。近代之后,“理论”逐渐丧失了形而上学意义,变成了主体对客体的“镜式”反映。借用罗蒂(Richard Rorty)的话说,心灵变成了一面能够反映外部世界的镜子。可是,这导致了一个无法克服的难题:主体如何能够客观地反映外部

---

① 亚里士多德:《尼各马科伦理学》,载苗力田主编:《亚里士多德全集》(第八卷),北京:中国人民大学出版社,1994 年,1142a20-30。

② 因此,熟稔康德哲学的实用主义创始人皮尔士采用了 pragmatisch(实用的)而不是 praktisch(实践的)来表达自己的哲学立场。参见 Charles Peirce, *Philosophical Writings of Peirce*, New York: Dover Publications, 1955, p. 252.

世界？马克思主张，这一难题只有通过实践才能克服：

> 我们看到，理论的对立本身的解决，只有通过实践方式，只有借助于人的实践力量，才是可能的；因此，这种对立的解决绝对不只是认识的任务，而是现实生活的任务，而哲学未能解决这个任务，正是因为哲学把这仅仅看作理论的任务。[①]

马克思认为，人是实践主体（感性存在物），他的能力首先表现在实践创造，而不是静观世界。主体不是世界的旁观者而是参与者，“人直接地是自然存在物”。自然也不是冷冰冰的因果关系的整体，绝非机械论意义上的对象。在马克思看来，人是自然物，同时自然物亦是人的实践创造物。这样，凭借实践概念，马克思希望在主观主义和客观主义之间实现和解，将自然主义与人道主义统一起来。据此，理论认知相比于实践是第二位的，认识论应当奠基于实践存在论。

与马克思相比，尼采要激进得多。在尼采看来，柏拉图的两个世界架构是一种虚构，理论思辨是哲学家仇恨生命力与创造力的表现。希腊人认为，生成的世界是变幻莫测的偶然世界，确定性与永恒性要由存在的世界来保障。然而，从生成的世界退缩到存在的世界，并借此贬低生成，这只不过是生命衰败的征兆。古往今来的哲学家们所编织的五颜六色的理念外衣，完全是避难所而非天堂。在与两个世界架构决裂之后，尼采试图在“权力意志”的基础上构造一种崭新的形而上学。存在的本质是权力意志，“给生成打上存在之特征的烙印——这是最高的强力意志”。[②] 必须警惕，人们常常将权力意志误解为权力迷恋，特别是对政治权力的崇拜。事实绝非如此，权力意志

① 马克思：《1844年经济学哲学手稿》（第3版），北京：人民出版社，2000年，第88页。

② 尼采：《权力意志》，孙周兴译，北京：商务印书馆，2007年，第359页。

首先关乎存在的本质规定。世界是一个动态的、生成的过程，而权力意志为永恒的生成提供了可能性条件。所谓知识、科学和道德，只不过是权力意志的生成结果，远不是对它的否定。由此，理论思辨失去了合法性，基于权力意志的永恒生成和创造成为哲学的基点。在这一点上，后来的福柯深受尼采影响，并且与尼采一样遭受严重误解。

到了20世纪，实用主义以更加系统的方式阐释了实践哲学的内涵及其意义。在杜威看来，理论思辨传统坚持“旁观者式的认识论”，强行将认知主体与认知对象作二元化处理。然而，这种认知方式早已被近代科学远远甩在身后。自然科学获取知识的方式并不是依靠“观看”而是实验。认知主体并非外在于研究对象，二者之间的相互作用非但不可消除，而且构成了知识生产的基础。换言之，认知主体不是旁观者，而是参与者。知识只有在主体与客体或者有机体与环境的相互作用中才能得到解释。杜威说道：

> 诚然，这里只有两条可供选择的道路。我们或者必须在那些不断变化的事物的相互作用中去寻找一些适当的认识对象和认识手段，或者为了避免受到变化的影响，我们必须在某个超验的和超凡的领域内寻找那样一些对象和手段。[①]

杜威毫不犹豫地选择了前者，从“旁观者式的认识论”转向了“参与者式的认识论”。

这番思想史叙述显然是粗浅的，但它的确表明实践哲学并非当代人的独创，对实践的关注有着悠久的历史传统。另一方面，它提醒我们注意区分两种实践哲学谱系。以亚里士多德为代表的历史谱系认可理论思辨的基础性，同时试图给予实践哲学一个适当的位置。

---

① 杜威：《杜威文选》，涂纪亮编译，北京：社会科学文献出版社，2006年，第52页。

于是，实践哲学是理论哲学的补充而非取代。以马克思、尼采和实用主义者为代表的谱系则激进得多，他们主张彻底放弃理论思辨传统，在实践概念的基础上对哲学进行全新改造。杜威的名著《哲学的改造》这个标题尤其鲜明地表达了这种态度。

三、当代语境：海德格尔与维特根斯坦

任何探究既不应脱离思想史，也不能忽视当下之语境。如若紧追时代风尚，便丧失了历史厚重感。反之，若脱离当下的思想趣味，很可能迷失于历史之浩瀚。对实践问题的探究也应如此。在追溯思想史之后，我们还需熟知当代语境。如今思想界关于实践的讨论，最直接的思想来源是海德格尔的《存在与时间》和维特根斯坦的《哲学研究》。[①] 海德格尔的在世存在分析和维特根斯坦论遵守规则，共同构成当代实践转向的出发点。在欧洲大陆，海德格尔一反胡塞尔的意识现象学，将知识与存在问题共同置于在世存在的基础之上。在分析哲学内部，后期维特根斯坦毅然放弃了前期路线，用动态的"语言游戏"取代了静态的逻辑语义分析。正是这两位思想家共同为当代实践哲学搭建了舞台。

近代以来主客体二元论带来了一个棘手的难题，海德格尔称之为"认识论的超越性问题"。在他看来，不停地擦亮我们心中的那面"自然之镜"（设计更加精致的通道）是毫无希望的。要走出这一困境，必须从根本上对二元存在论前提进行改造。把人规定为思维，把世界规定为对象，从一开始就犯了方向性错误。海德格尔主张，最源始的状态应该是人与事物之间的实践整体性。人作为此在已经在世，已经投身于与事物打交道的活动之中。事物不是独立于实践情

---

① David Stern, "The Practical Turn." in Stephen Turner and Paul Roth eds., *The Blackwell Guide to Philosophy of the Social Sciences*, Oxford: Blackwell, 2003, p. 188.

境的客体，它总是在此在的操劳活动中呈现自身。主体与客体的二元性并不具有源始性，它起源于实践活动的断裂，甚至可以说是一种特殊的实践方式。从这个角度看，德雷福斯（Hubert Dreyfus）把海德格尔的在世存在分析称作实践整体论（practical holism）是颇有见地的。[①]

在《存在与时间》有关理解和解释的章节中，实践的在先性和源始性表现得尤为明显。何谓理解（verstehen）？它“既不是有别于说明和构思的一种确定的认知种类，甚至完全不是主题性把握某物意义上的任何认知”。[②] 理解是一种实践性的“能知”（know-how）[③]：

> 在德语中我们说某人能够 verstehen（理解）某物——字面的意思是 stand in front or ahead of it，即站在它面前，照料它，对付它，掌管它。这就等于说他理解它（versteht sich darauf）——对它有技能或者内行意义上的理解，这就等于说他对此掌握能知。前面定义的“理解”的意思，旨在回到日常语言中的这种用法。[④]

能知意义上的“理解”，是对事物的实践性把握，是未言明的、非

---

① Hubert Dreyfus, “How Heidegger Defends the Possibility of a Correspondence Theory of Truth with Respect to the Entities of Natural Science.” in Theodore Schatzki et al. eds., *The Practice Turn in Contemporary Theory*, New York: Routledge, 2001, p. 152. 亦可参见 Hubert Dreyfus, “Holism and Hermeneutics”, *The Review of Metaphysics*, 34 (1), 1980.

② 海德格尔：《存在与时间》（修订本），陈嘉映等译校，北京：生活·读书·新知三联书店，1999 年，第 382 页。某些段落参照 Joan Stambaugh 英译本略作改动，以下不再逐一注明。参见 Martin Heidegger, *Being and Time*, trans. Joan Stambaugh, New York: State University of New York Press, 1996.

③ know-how 与 know-that 是一对重要概念，但很难用简短的中文词汇翻译，这里沿用了盛晓明教授的译法。

④ Martin Heidegger, *The Basic Problems of Phenomenology*, trans. Albert Hofstadter, Bloomington: Indiana University Press, 1982, p. 276.

主题化的。解释(Interpretation)作为对事物意义的明确表达,则奠基于理解,"解释在生存论上奠基于领会(即理解),而不是相反"。[①]海德格尔对这一点的论证是,任何解释都具有三重前理解结构:先有(Vorhabe)、先见(Vorsicht)、先掌握(Vorgriff)。这些在先结构为所有的解释提供了根据和背景,而前理解本身则等同于此在的操劳性能知。这样,实践背景构成了任何主题化认识的前提,并为后者提供了可能性条件。此在与事物的实践一体性作为任何认知的前提条件,在海德格尔那里得到了有力的张扬。

维特根斯坦论"遵守规则"为当代实践理论提供了另一种灵感。在后期,维特根斯坦将语言的使用称作"语言游戏"。任何游戏都要有规则,语言游戏也不例外。现在的问题是,遵守规则是怎么回事?一般的解释是,行为是否得当取决于明确的规则。比如,足球运动员在球场上必须遵守规则,不然会得红黄牌,甚至被罚下场。这条思路是康德哲学的延续。在《实践理性批判》中,康德为道德行为制定了普遍规则:"要这样行动,使得你的意志的准则任何时候都能同时被看作一个普遍立法的原则。"[②]这从形式上决定了什么行为是道德的,什么是不道德的。罗伯特·布兰登(Robert Brandom)把这种解释方式称作规则主义(regulism):"这种观点,即认为实践的适当性(proprieties)总是并且在任何地方都作为基础原理之约束性的表达,可以称作有关规范的规则主义。"[③]然而,维特根斯坦认为,规则主义会导致无穷倒退,理由是:明确的规则如果要决定特殊的行为,就需要被正确应用于特殊的实践场合,但判定规则的应用正确与否本身又需要诉诸另一条规则,如此以至无穷。规则并不包含自身的应用

① 海德格尔:《存在与时间》(修订本),陈嘉映等译校,北京:生活·读书·新知三联书店,1999年,第173页。

② 康德:《实践理性批判》,邓晓芒译,北京:人民出版社,2003年,第39页。

③ Robert Brandom, *Making It Explicit*, Cambridge: Harvard University Press, 1994, p. 20.

规则：

> “但是一条规则怎么能告诉我在这一点上应该怎样做呢？不管我怎么做，在某种解释下，都是与规则相符合的。”——那不是我们应该说的；我们应该说，任何解释以及它所解释的东西都是悬而未决的，因而不可能对被解释的东西给予任何支持。解释本身并不能确定意义。①

对于规则主义，实际上康德本人也有类似的反驳。在谈到判断力的时候，他说：“如果把一般知性视为规则的能力，那么判断力就是把事物归摄到规则之下的能力，也就是分辨某物是否从属于某个给定的规则。”现在的问题是，这种归摄活动本身是否受制于明确的规则？康德认为，如果作肯定的回答，会导致无穷倒退：

> 如果它（普通逻辑）试图普遍地指示我们如何将某物归摄到这些规则之下、亦即分辨某物是否从属于这些规则，那么这只有借助于另一条规则才有可能。但正因为它是一条规则，这反过来再次要求判断力提供指导。②

维特根斯坦的结论是，遵守规则是一种实践（Praxis）。康德的结论是，判断力是一种技能，无法教导，只能练习。我们不应该用外在于实践的规范来约束实践，应反过来将规范视为由实践所构造并不断重构的东西。理性主义传统倾向于用理论来统摄实践，而维特根斯坦则赋予了实践以优先性和基础性。

---

① 维特根斯坦：《哲学研究》，李步楼译，北京：商务印书馆，1996 年，§ 198。

② 康德：《纯粹理性批判》，邓晓芒译，北京：人民出版社，2004 年，A133/B172。

四、实践转向诸主题

海德格尔与维特根斯坦共同为当代实践转向开辟了理论空间。近年来，研究者们在此基础上对相关议题进行了深入而细致的探讨。应该说，实践转向并不存在统一的范式，人类学、社会学、哲学以及科学论(science studies)均有各自独特的旨趣、方法和目标。甚至就"实践"这个词的用法本身而言，不同的研究者也有不同的表达方式，比如行动、语言游戏、习俗、习惯、技能、能知、默会知识等。[①] 这里，我无意用整齐划一的理论框架去加以整合。这非但没有必要，反而会弄巧成拙，给人以削足适履之感。或许，更可取的做法是将实践理论家们共同关心的问题展示出来。下面，借助于劳斯的工作逐一讨论实践转向的核心主题。[②]

第一个主题是实践、规则与规范的关系。前面谈到，规则主义会导致无穷倒退。那么，遵守规则到底是怎么回事？维特根斯坦自己的回答是："当我遵守规则时，我并不选择，我盲目地遵守规则。"[③]然而，许多人并未止步于此，而是试图弄清楚究竟什么是遵守规则。布鲁尔区分了两条解释进路：个人主义(individualism)和集体主义(collectivism)。个人主义主张，遵守规则的实践并不必然是社会的，它很大程度上基于个人对规则意义的理解和把握。当我真的理解了某一规则，即便他人不同意，我依然可以按照规则行事。个人主义进路并不认同维特根斯坦的无穷倒退论证，坚持行为的原因应该在信念、欲望等意向领域中寻找。[④] 集体主义主张，规则是一种社会制度

---

① David Stern, "The Practical Turn." in Stephen Turner and Paul Roth eds., *The Blackwell Guide to Philosophy of the Social Sciences*, Oxford: Blackwell, 2003, p. 186.

② Joseph Rouse, "Practice Theory." in Stephen Turner and Mark Risjord eds., *Philosophy of Anthropology and Sociology*, Boston: Elsevier, 2007, pp. 639-681.

③ 维特根斯坦：《哲学研究》，李步楼译，北京：商务印书馆，1996年，§219。

④ David Bloor, *Wittenstein, Rules and Institutions*, New York: Routledge, 1997, pp. 4-5.

或者约定，遵守规则在于对制度的参与。行为首先是社会的，然后才是个人的。恰如彼得·温奇（Peter Winch）所言，“原理、规范、定义和公式的意义都源自它们运用于其中的人类社会活动的背景”。[①] 离开社会交往或者习俗，我们不可能理解个体行为，甚至无法把握其意向内容。还有人认为，维特根斯坦的初衷是警告人们不要去构筑一套抽象的哲学理论，哲学家的工作只是描述，而非解释或辩护。无论如何，有关遵守规则的讨论依然是当代实践理论的原动力之一。

第二个主题是个体行为与社会结构的关系。这是社会科学的一个老问题。从社会学诞生之日起，社会在先还是个人在先的争论就不绝于耳。作为社会学的奠基人，涂尔干（Emile Durkheim）强调社会结构之于个体的超验性，而韦伯（Max Weber）在很大程度上继承了解释学传统，更看重个体行为。前者是宏观社会学路线，后者则隶属于微观社会学。对于这一格局，布迪厄（Pierre Bourdieu）称为客观主义与主观主义的对立。那么，实践转向能够为缓和宏观/微观、个体/社会之间的张力提供出路吗？在实践理论家看来，个体行为的确受制于社会规范和结构。与此同时，社会结构和规范只有在实践的再生产中才是存在的。既不存在独立于个体实践的超验社会实在，也不能认为个体行为可以脱离宏观社会背景而得到理解。个体在实践过程中一方面受制于宏观的社会习俗或者结构，另一方面也在对后者进行解释和再生产。吉登斯（Anthony Giddens）在《社会的构成》中表达了实践理论超越微观/宏观的旨趣：

> 在结构化理论看来，社会科学研究的主要领域既不是个体行动者的经验，也不是任何形式的社会总体的存在，而

---

① 温奇：《社会科学的观念及其与哲学的关系》，张庆熊等译，上海：上海人民出版社，2004年，第58页。

是在时空向度上得到有序安排的各种社会实践。[①]

在他看来，结构（价值观、习俗、劳动分工等）只能存在于结构化过程之中，而结构化过程同时是个体行动者的实践过程。但后续的问题接踵而至：如何说明社会结构的稳定性？稳定性程度如何？作为结构化的规范、习俗和行为模式对个体行为的约束是如何实现的？

第三个主题是身体问题。从尼采开始，为哲学家长期忽视的“身体”概念日益显现其重要性。根据主流看法，思维之为思维无须身体的在场，甚至排斥身体，因为身体包含欲望，这会对逻各斯（logos）构成严肃挑战。但是，实践不可避免地需要身体的参与，因而具有涉身性（embodiment）。在海德格尔和梅洛-庞蒂之后，实践理论家几乎不约而同地把涉身性视为实践的本质特征之一。更核心的一点是，身体为克服主客体二元论提供了可能出路。身体不同于客体，它包含能动性。身体也不同于思维，它具有外显性。一方面，身体隶属于客观世界，具有被动性。另一方面，身体又是行动的主体，具有自发性。那么，如何在身体概念中将上述看似对立的性质加以综合？德雷福斯试图用身体意向性（bodily intentionality）改造胡塞尔的意识意向性。身体意向性的意思是“身体性的行为在意向意义上指向对象，但没有意向中介（比如意义或空间表象）”。[②] 我要拿一个茶杯，并不是首先在头脑中对茶杯的轮廓、形状、颜色和位置进行感知，然后加以综合，最后在知觉表象的指导下去拿。我径直去拿桌子上的茶杯，仅此而已。这个动作发生在一个确定的实践背景之下，并且以身体技能为条件。然而，如何在身体层面上避免重复因果性与意向性的二元对立，这尚待进一步探索。

---

① 吉登斯：《社会的构成》，李康等译，北京：生活·读书·新知三联书店，1998年，第61页。

② Joseph Rouse, "Practice Theory." in Stephen Turner and Mark Risjord eds., *Philosophy of Anthropology and Sociology*, Boston: Elsevier, 2007, p. 653.

第四个主题是语言与默会知识。海德格尔主张，解释奠基于默会的能知。维特根斯坦主张，遵守规则依赖于生活形式。现在，人们会提出疑问，这些默会的背景实践本身是否可以明确地表达出来？波兰尼和德雷福斯等人认为，身体性的技能活动或者此在的在世活动隐含在任何可表达的命题之中，无法用语言完全表达出来，它们原则上超出了语言表达的范围。这无疑暗示出对“语言学转向”的某种不满。汉森(N. R. Hanson)和库恩等人则认为，作为实践背景，默会知识不是技能性实践，而是预设(presupposition)或范式。它们通常隐含在科学共同体的外显知识之中，但原则上是表达的。[①] 为了理解一个命题，我们可以去追溯背后的假设、价值观、形而上学信条等。对于这两种进路，德雷福斯分别称之为实践整体论和理论整体论(theoretical holism)。[②] 此外，语言本身能否按照实践的方式加以说明？倘若把语言理解为话语实践(discursive practices)，如何将物质世界纳入其中从而避免“语言观念论”(linguistic idealism)？

第五个主题是实践话语的悖论。从本性上看，实践转向是反理论的。然而，对实践转向的表述本身又必须诉诸理论，“实践理论”(practice theories)这个称谓本身就暗含了上述悖论。这实际上涉及返身性(reflexivity)问题。如果坚持实践不可能完全被理论化、形式化，那么一种客观的实践理论便丧失了根据。或许，一种可能的解决办法是拒绝任何外在于实践的元立场，把研究活动本身看作实践过程的一部分。这样，研究活动与研究对象之间并不存在严格的边界。这意味着任何外在的奠基、规范或还原都是不可能的。对此，本书后续部分会进一步展开。

最后一个主题是社会研究与认知科学研究的关系。我们知道，

---

① 库恩的情况较为复杂。“范式”这个词的含义并不十分确定，它既包含形而上学承诺与价值观，也包含范例、技能，等等。

② Hubert Dreyfus, “Holism and Hermeneutics.” *The Review of Metaphysics*, 34(1), 1980.

人不仅是社会科学的研究对象，同时也是生物学的、心理学的、认知科学的研究对象。那么，对于特定的实践活动，应该借助于社会科学还是认知科学去说明？如果二者缺一不可，它们的关系怎样？如何将其整合起来？实践理论家显然不认为人的实践活动可以还原到心理学和生物学层面。譬如，德雷福斯坚决主张，为了解释行动，无须求助于心灵表象。维特根斯坦在《哲学研究》中提到的甲壳虫比喻，也力图消解心理主义。另一方面，认知研究在很大程度上是个人主义的，难以容纳社会和文化范畴。长期以来，社会研究与认知研究之间不仅鲜有交流，甚至相互指责、交锋不断。这有着深刻的历史背景，比如人文主义与实证主义（人文文化与科学文化）由来已久的矛盾，而且还涉及学科地位与权威性。① 处理好社会研究与认知研究的关系着实任重而道远。

五、小结

回到本章开篇。对于实践转向，我们曾提出过三个问题：从何处转？转向何处？为何转？实践转向源于对理论思辨传统的不满，它力主以实践概念为平台，重构当代的思想图景。这样，我们便回答了前两个问题。第三个问题则颇为复杂，如果用一句话回答，那就是应该放弃希腊人孜孜以求的超越性与永恒性理想。只有承认这个前提，实践转向才是可理解的。

两千多年来，“一”与“多”的关系一直是西方哲学的永恒主题。从柏拉图到德勒兹，一与多之间的对抗从未停止过。柏拉图坚持理念的第一性，而普罗泰戈拉坚持“多”的不可还原性；黑格尔力图用绝

① Thomas Nickles分析了社会学与心理学相互分离乃至于对峙的原因，参见Thomas Nickles,“Integrating the Science Studies Discipline.”in Steve Fuller et al. eds., *The Cognitive Turn: Sociological and Psychological Perspectives on Science*, London: Kluwer, 1989, pp. 238-242.

对精神来统摄一切，克尔恺郭尔认为它唯独不能统摄个体；后现代主义者强调差异，哈贝马斯则看到了差异中的同一性。但是，与古希腊相比，我们的时代精神已经发生了变迁。如果说此前“一”占据绝对统治地位的话，如今我们不得不接受多样性的现实。在知识、传统、价值、伦理以及文化多样性的背景下，人们似乎丧失了统一化和总体化的勇气，甚至意识到了其中潜藏的危险。即使是哈贝马斯这位启蒙运动最坚定的辩护者，也不得不在“多”的基础上重新理解“一”：

> 在语言理解的可能性当中，我们可以看出一种稳定的理性概念，它的声音存在于既依赖于语境又具有先验意义的有效性要求中：“这种理性既是内在的（在具体的语言游戏和制度之外是找不到的），又是先验的（一种我们用以批判所有活动和制度所依赖的规范性概念）。”用我自己的话来说，命题和规范所要求的有效性超越了时间和空间，但是，有效性又都是在具体的时间和空间范围内，在具体的语境中提出来的，接受或拒绝这种有效性要求会带来现实的行为后果。[①]

这样，我们就明白了为何当代思想家纷纷把目光转向实践。在他们看来，执着于超越性理想而忽略现实的多样性，这无异于斩断哲学与生活世界之间的脐带，甚至会把哲学推向边缘化境地。

另一方面，人们亦心怀忧虑。一旦接受“多”，“一”是否会变成海市蜃楼？相对主义、虚无主义、“科学的危机”将是每个人不得不接受的命运吗？对此，伯恩斯坦（Richard Bernstein）恰如其分地称为“笛卡尔式的焦虑”（the Cartesian Anxiety）：

---

① 哈贝马斯：《后形而上学思想》，曹卫东等译，南京：译林出版社，2001年，第162页。

> 它寻找一个固定点，一块牢固的岩石，据此我们能够保全我们的生命免于世事无常的威胁。盘旋在这一灵魂之旅上空的幽灵不仅仅是彻底的认识论怀疑论，而是对疯狂和混乱的恐惧，害怕一切皆流，害怕我们既不能下探至河床，也无法浮出水面。笛卡尔的清晰性让人倒抽一口凉气，他把我们引向一种不言自明且不可逃脱的必然抉择，庄重而诱人的要么/要么。要么我们的存在有所依靠，我们的知识存在牢固的基础；要么我们无法逃脱黑暗的力量，它让我们陷入疯狂、知识混乱和道德混乱的漩涡。[①]

这个论题过于宏大，本人无意亦无力作出裁决。就本书的主旨而言，之所以要坚持实践转向，是要克服哲学家们的年代学错误，避免科学的“木乃伊化”，揭开科学身上的意识形态面纱。长期以来，思想家们无视古典科学与近代科学的差异，为了维护超越性和普遍性理想，不惜将近代科学意识形态化，制作科学的木乃伊。尽管他们的希腊情结得到了满足，但却以扭曲科学实践为代价。这不仅遮蔽了现代科学的真实面貌，而且致使我们无力应对与科学技术有关的现实处境。转向科学实践，正是要恢复现代科学的真相，重塑认识论和存在论图景，从而为缓解科学与民主的紧张关系找寻理论可能性。

现在，让我们转入正题——科学实践！

---

① Richard Bernstein, *Beyond Objectivism and Relativism: Science, Hermeneutics, and Praxis*, Philadelphia: University of Pennsylvania Press, 1983, p. 18. 中译本参见伯恩斯坦：《超越客观主义与相对主义》，郭小平等译，北京：光明日报出版社，1992 年。

第二章　科学实践与能动存在论

如今，谈论科学实践并不新奇，以科学实践为主题的各类研究可谓异彩纷呈。实验、数据记录、撰写论文、科学争议、仪器操作，这些原本不受重视的领域成为人们争相探讨的话题。众多研究者深入到科学家的“田间地头”，不遗余力地记录科研活动的方方面面，生怕有所遗漏。这股风气无疑是由科学论开创的。与主流的科学哲学、科学史和科学社会学相比，科学论的最大特色是对现实科学活动的关注。科学被看作是正在发生的动态过程，而不是已经完成的产品，科学论研究者感兴趣的是“正在形成的科学”(science in the making)，而不是“既成的科学”(ready made science)。在主流科学哲学中，这些领域长久遭到忽视。哲学家整天忙于“证实”“证伪”“划界”，无力亦无意去涉及这些琐碎的细节。因此，科学实践研究显然具有“填补空白”的突破性意义。但另一方面，人们心存疑虑，这类研究与科学哲学有什么关系？根据赖欣巴哈(Hans Reichenbach)的经典区分，科学研究过程属于“发现的情境”(context of discovery)。了解知识的发现过程固然重要，但与辩护(justification)无关，对事实的描述远不能解答有效性、合理性、客观性等规范性问题。

难道这就是科学实践研究的全部价值吗？倘若如此，它不过是对正统科学哲学的补充而已：一方是关于科学之本性的认识论，另一方是关于知识生产实践的社会学、政治学、人类学。当前，许多人的确持有这样的看法，并借此捍卫规范认识论的正统地位。然而，这是对科学实践研究的严重误解。上一章谈到，实践哲学有着双重历史谱系：亚里士多德式的和杜威式的。依照前者，实践哲学是理论哲学的补充，二者并行不悖，但理论哲学总是优于实践哲学。依照后者，实践哲学要求从根本上颠覆理论思辨传统，并以实践概念为基础重构哲学图景。在我看来，科学实践研究恰恰是对以认识论为核心的正统科学哲学的颠覆，它无意在现有的认识论架构内寻找位置，而倡导抛弃认识论的科学观念(epistemological conception of science)，走向存在论的科学观念(ontological conception of science)。这将构成本章的核心论题。

什么是认识论的科学观念？对于科学，思想界流行着两种截然相反的态度。一些人认为，科学是关于外部世界的知识体系，具有普遍性、客观性与合理性。在他们看来，科学发展史是合理的、进步的；价值中立的方法确保科学能够超越特定的文化情境；科学堪称知识的楷模，是人文科学与社会科学的样板。这种看法延续了启蒙时代的乐观主义，俨然将科学视为真理的代名词。另一些人认为，这种乐观主义是盲目的。科学只是一种特殊的社会和文化活动，普遍性、客观性、合理性只是假象而已。它既不是真理的代名词，更无法超越特定的文化传统。科学隐藏着价值偏见和性别偏见，并由此带来了压迫和霸权。而且，人类社会面临的一系列危机，比如环境破坏、对自然的掠夺、核风险、意义的失落等，在很大程度上也应由科学负责。长期以来，这两种立场之间的交锋从未停止：启蒙主义还是浪漫主义？现代主义还是后现代主义？普遍主义还是相对主义？对此，似乎任何思想家都必须作出决断。

然而，这种非此即彼的选择并不构成真正的选择。有时候，两种观点看似势不两立，实际上却共享着一些前提。我们殊难想象，两种毫无共同之处的立场何以能够彼此交锋。因此，必须区分选项本身以及使得选项成为可能的前提条件。倘若只是在给定的选择性空间内作出决断，那还不是真正的选择，因为构成该空间的前提条件尚未进入反思的范围，似乎它们是不可选择性的。那么，上述对科学的两种截然相反的态度，其共同的预设是什么？

无论是普遍主义还是相对主义，无论是科学实在论还是社会建构论，都无一例外地将知识视为科学的核心。于是，认识论成为20世纪科学哲学家的天职，从逻辑实证主义到社会建构论概莫能外。普遍主义者认为，科学知识是普遍有效的，游离于特定的文化情境；相对主义者认为，科学是地方性知识（local knowledge），它的有效性相对于特定的条件。科学实在论者声称，科学是对客观实在的正确表象；社会建构论者断言，知识是社会建构的，真理是一种社会约定。但无论怎样，没有人会否认科学的本质是知识。认识论的科学观念构成了他们的共同出发点。在此前提下，科学哲学的首要任务是对知识的普遍性、客观性和有效性的条件、范围及限度进行反思和批判。逻辑经验主义、波普尔主义、历史主义、科学实在论甚至科学知识社会学（SSK）都是在上述前提下展开工作的，不管它们之间存在多么深刻的分歧。

那么，这一出发点本身是可选择的吗？换言之，在认识论的科学观念之外，我们能否构想一条替代性的路线？20世纪70年代之后，跨学科的、以经验描述为导向的科学论迅猛发展。科学知识社会学、行动者网络理论（ANT）、实验室研究（laboratory studies）、女性主义、后殖民主义风起云涌，对科学活动的各个侧面进行了深入而细致的探讨。这条以科学实践为导向的路线最初被命名为社会建构论，并招致科学家、科学哲学家和科学史家的猛烈批判。他们认为，社会建构论的认识论相对主义无论如何是不可接受的。诸如此类的责难在20世纪90年代爆发的科学大战（science war）中表现得淋漓尽致。应该承认,早期科学论的确表现出强烈的相对主义取向。然而,以拉图尔、皮克林(Andrew Pickering)、芭拉德(Karen Barad)、斯唐热等人为代表的当代科学论业已自觉远离了认识论的科学观念,并力图摆脱它所规定的选择性空间。在他们看来,科学既不是客观世界的表象,更不是社会共同体的建构。科学首先是一项实践活动,它既参与着世界的生成,又是生成的产物。因此,科学不是关于存在(being)的知识,而是隶属于存在本身,认识论的科学观念应当让位于存在论的科学观念。[①]

一、认识论作为"第一哲学"

对于熟知近代思想史的读者来说,这条路线显然与现代哲学的精神气质格格不入。由笛卡尔、洛克、休谟和康德开创的现代哲学,其最基本的精神是什么?贬黜形而上学,将认识论推举为"第一哲学"。在他们看来,哲学的首要问题不是"我们认识什么",而是"我们如何认识"。[②] 在认识活动开始之前,必须首先对人的认识能力、范围及其限度进行反思和批判。独断论形而上学的致命错误是毫无节制地谈论世界、上帝与灵魂,完全没有顾及我们究竟有没有能力作如此这般的谈论。因此,形而上学应该交出"第一哲学"的交椅,让位于认识论。理由是,只有首先对人类的认识能力进行批判,才能够合法地建构出关于存在的科学即存在论。[③] 由此,认识论的第一哲学地位被牢牢树立起来。

何谓认识论?在《哲学与自然之镜》中,罗蒂认为认识论的核心

---

① 对这一思路的简洁表达,参见孟强:《认识论批判与能动存在论》,《哲学研究》2014年第3期。

② Alfred Whitehead, *The Adventure of Ideas*, New York: Macmillan, 1935, p. 159.

③ 本书把存在论(ontology)与形而上学(metaphysics)看作同义词,有意忽略它们之间的差别。

是奠基(foundation)。科学家生产知识,哲学家则对知识成果进行反思,寻找其客观有效性的基础。因此,认识论本质上是基础主义的。基础主义确实代表了笛卡尔和康德的哲学旨趣,并在胡塞尔的先验现象学中表现得淋漓尽致。然而,它不足以涵盖整个认识论传统。比如,按照上述定义,整个近代经验主义传统都将被排除在外,因为经验主义更侧重于知识的生成而非辩护。也许,查尔斯·泰勒(Charles Taylor)提出的广义认识论概念更加贴切:

> 这个概念并不怎么侧重基础主义,它更关注使得基础主义成为可能的知识观。如果用一句话概括这种知识观,那就是要把知识视作对独立实在的正确表象。就其原始形式,它将知识看作对外部实在的内部描述。[①]

因此,认识论的核心与其说是基础主义,毋宁说是表象主义(representationalism)。

什么是表象主义? Representationalism 的词根是 representation,通常译为"表象"。从哲学上看,表象意味着一种特殊的认识方式:把对象置于思维面前,对事物进行再现(represent)。但是,笛卡尔已经告诉我们,对象与思维是两种不同的实体,客体的属性是广延,主体的属性是思维,不可能直接把对象纳入到思维当中。可见,认识需要中介。在近代,"观念"(idea)无疑扮演着中介角色。无论是以笛卡尔为代表的理性主义,还是以洛克为代表的经验主义,都认为认识活动应该在观念内展开。可是,把观念当作知识中介带来了很大的麻烦,观念总是"我的"观念,具有唯我论之嫌。进入20世纪,哲学家们将重心转向了语言。正如维特根斯坦论证的那样,语

---

① Charles Taylor, *Philosophical Arguments*, Cambridge: Harvard University Press, 1995, pp. 2-3.

言本质上是公共的，不存在“私人语言”。可是，“语言学转向”尽管放弃了“观念”，并未放弃表象主义。它改变的只是表象的中介，至少早期分析哲学是如此。维特根斯坦在《逻辑哲学论》中提出的如下主张集中体现了表象主义精神：“命题是实在的图像。命题是我们所想象的实在的模型。”[①]

表象主义认识论面临的最大难题是超越性（transcendence）。换句话说，我们必须追问，表象与世界具有怎样的关系？仔细想来，认识论包含两个截然不同的要求：第一，表象应当是自我封闭的，在抽象掉外部世界之后依然能够准确地加以辨别和描述；第二，它应当指向外部世界，表象外部世界中的对象。倘若不能满足第一项要求，认识论的“反求诸己”将丧失根据。换一个角度看，中介概念本身也要求这种透明性，否则将导致无穷倒退：为了认识中介 A，必须诉诸中介 B；为了认识中介 B，必须诉诸中介 C，如此以至无穷。另一方面，知识应当是关于某物的知识。不管是观念还是语言，都必须解释它与外部世界的关系：观念如何指向对象，语言如何钩住实在。舍此，知识将不成其为知识，甚至会沦为纯粹的思维游戏。思想史证明，超越性问题非常棘手。笛卡尔不得不借助于上帝来建立思维与广延的相关性，休谟干脆承认这个问题是不可解决的，从而走向了怀疑论。

康德之所以伟大，在于他提供了另一条可能性路线，这就是“哥白尼式的革命”。近代哲学是在批判独断论形而上学的背景下诞生的。独断论执着于一些抽象的思辨概念，武断地将其作为思考的起点，不顾及自然界本身是什么样子，并将经验观察置于边缘地位。倘若囿于烦琐的独断论，知识是不会有进步的。因此，培根提倡一种以经验为基础的“新工具”，来代替亚里士多德的“旧工具”。在此背景下，经验主义者不约而同地将知识严格限定在“印象”范围内，任何超越感官给予的知识都是不合法的。作为认知者，主体的首要职责是

① 维特根斯坦：《逻辑哲学论》，贺绍甲译，北京：商务印书馆，1996 年，第 4.01 节。

忠实地记录感官输入。最终，它变成了“接收器”，毫无创造性和能动性可言。对于这种做法，康德称为“主体围绕客体转”。然而，休谟合乎逻辑地从中引出了怀疑论后果：不仅外部世界的存在是可疑的，知识的普遍必然性也将荡然无存。这与自然科学的突飞猛进形成了鲜明的反差，哲学家们显得无地自容。

于是，康德另辟蹊径。在他看来，以洛克和休谟为代表的经验主义实质上属于自然学(Physiologie)。它尽管很重要，却不能满足认识论的要求，因为无论你对事实问题(quid facti)的回答多么巧妙，对知识生成的描述多么细致，都无法解答权利问题(quid juris)。权利问题涉及知识的客观有效性，自然学对此无能为力。所有的感官给予都属于事实范畴，它只能告诉我们事情是什么样子，但不能告诉我们事情必然是什么样子。因此，必须到别的地方寻找知识的普遍必然性根据。这就是知性。知识之为知识，不仅仅是主体对刺激的被动接受，而应当有知性的主动参与。这意味着康德必须改造主体概念，赋予它主动性与构造能力。“哥白尼式的革命”的核心点就在于此：让客体围绕主体转。

可是，独断论形而上学之所以遭到诟病，正在于它武断地将一些超验概念强加给对象。康德此举能够避开此类指责吗？凭什么将那些先天的知性概念运用于对象？这是著名的先验演绎(transcendental deduction)所要解答的问题。康德认为，“我思必然能够伴随我的一切表象”。对象之为对象，必然是我的对象，一个未被纳入到“我思”范围内的对象不可能成其为对象，而一切为“我思”所伴随的对象都要接受范畴的规整。因此，“思维的主观条件”必然适用于对象，必然具有客观有效性。只是，再也不能认为对象是独立于主体之外的物自体，它们属于现象界。辛迪卡(Jaakko Hintikka)颇具洞察力地指出，康德实质上延续了制造者(maker)的知识传统，所谓“先验”无非是对主体构造能力的强调。[①]

对于语言与实在的关系，前期维特根斯坦也持类似看法。相比于近代的观念论，“语言学转向”有明显的优势：语言本质上是公共的，避免了观念的唯我论倾向。即便如此，语言哲学家们依然面临一个类似的问题：语言如何钩住实在？《逻辑哲学论》的基本立场是“图像论”：语言是世界的反映。凭什么这么说呢？因为语言与世界具有同构性，“逻辑是先验的”。在维特根斯坦看来，正因为逻辑具有先验的位置，关于世界的经验知识才是可能的，它能够确保语言必然指向实在。那么，同构性预设是如何得到辩护的？布伯纳（Rüdiger Bubner）认为，维特根斯坦的论证本质上是自相关论证（self-referential argument）。[②] 任何语言要有意义，都必须预设逻辑同构性。这一点对于语言分析本身也是有效的：

> 分析显示了某种东西。它是分析必须预设的，如果分析打算承担澄清有意义的语句这项任务的话。它必须接受语言与实在之间的这种关系，将其视为先于分析而存在的东西。[③]

总之，经过“哥白尼式的革命”，认识论真正确立起自己的第一哲学地位。从此以后，主体性原则成为哲学的指导性原则。这还导致了一个意义深远的后果即观念论（idealism），尽管它是不同于“经验观念论”的“先验观念论”（transcendental idealism）。可以说，主体主义与观念论共同构成了现代认识论的核心。20 世纪科学哲学继承

---

① Jaakko Hintikka, “Transcendental Arguments: Genuine and Spurious.” *Nous*, 6(3), 1972, pp. 274-275.

② 对于这种论证方式的探讨，参见盛晓明：《话语规则与知识基础》，上海：学林出版社，2000 年，第 228—242 页。

③ Rüdiger Bubner, “Kant, Transcendental Arguments and the Problem of Deduction.” *The Review of Metaphysics*, 28(3), 1975, p. 456.

了这笔伟大的思想遗产，将认识论作为自己的首要课题。从这个意义上说，它无疑是康德的忠实信徒。甚至，“通过语言的逻辑分析清除形而上学”[①]这一看似激进的口号也不过是康德的形而上学批判的回声。

二、认识论批判与现象学存在论

20世纪，以存在论为业的思想家非海德格尔莫属。因此，探究存在论的科学观念时若无视现象学存在论（phenomenological ontology），那是有失公允的。现象学存在论起源于对二元论哲学的不满，后者恰恰是认识论之所以可能的前提条件。于是，海德格尔与梅洛-庞蒂不遗余力地批判近代以来的各种认识论流派，比如经验主义、理性主义、先验哲学等。他们认为，整个近代认识论哲学在方向上出现了偏差，这源于不切实际的存在论预设。借此，现象学存在论废黜了认识论的第一哲学地位，重新打开了通往存在论的大门。尽管如此，在我看来，现象学存在论在方向上误入了歧途。它突破了观念论，但并未彻底摆脱主体主义，因而不足以为存在论的科学观念提供支撑。[②]

近代伊始，笛卡尔把主体规定为思维，把客体规定为广延。前者是纯粹的内在性，后者是纯粹的外在性。如此一来，二者之间的通道就成了问题。为了克服这一超越性难题，哲学家们做了各种各样的尝试，但均告失败。在海德格尔看来，他们失败的原因在于“漏过了

① 卡尔纳普：通过语言的逻辑分析清除形而上学，载陈波、韩林合主编：《逻辑与语言——分析哲学经典文选》，罗达仁译，北京：东方出版社，2005年，第248—272页。

② 正因为如此，晚期梅洛-庞蒂试图构造一种以肉身（flesh）为元素的新存在论。这特别体现在《自然》《眼与心》《可见的与不可见的》等著作中。从某种意义上说，这已经超越了现象学范畴。很可惜，因为过早离世，梅洛-庞蒂只留下了一幅草图。相关讨论参见孟强：《梅洛-庞蒂、怀特海与当代科学论》，《现代哲学》2011年第4期。

认识主体的存在方式问题”。[1] 这种存在方式就是所谓的在世存在。关于在世存在的意义，第一章已经作过简要讨论，不再赘述。概而言之，海德格尔的中心意图是用此在来取代意识主体，用参与性的(engaged)“我做”来取代非参与性的(disengaged)“我思”。

作了这番存在论改造之后，海德格尔是如何看待超越性的呢？

> 超越性是主体的主体性的源始构成，主体作为主体而超越着；如果它不超越，那就不是主体。成为主体就意味着超越。这并非意味着此在首先在某种程度上存在着，然后偶尔达成对自我的超越，而是说，生存原初就意味着跨越。此在本身就是越过。[2]

这段话提醒我们，此在本质上包含超越性结构。“我思”是非参与性的，甚至只有将外部世界悬置起来，它才能获得纯粹性。但是，“我做”不可能是无世界的，做事或实践活动要求相关事物的在场。以足球比赛为例，在我对比赛进行反思的时候，无须预设球场、球员或足球的在场。相反，实际的比赛活动则要求这些存在者共同在场，舍此它就不是真正的比赛。因此，海德格尔指出，“此在作为在世活动乃沉迷于它所操劳的世界”。[3] 超越性问题之所以成其为问题，在于哲学家们忽略了在世存在这一源始的超越性结构，误将主客体二元论作为终极的存在论架构。因此之故，海德格尔对胡塞尔的意向性课题作了这样的评论：“最终将证明，意向性奠基于此在的超越性，并且只是因为如此它才是可能的——反之，超越性用意向性是无法

---

① 海德格尔：《存在与时间》(修订本)，陈嘉映等译校，北京：生活·读书·新知三联书店，1999年，第71页。

② Martin Heidegger, *The Metaphysical Foundations of Logic*, trans. Michael Heim, Bloomington: Indiana University Press, 1984, p. 165.

③ 海德格尔：《存在与时间》(修订本)，陈嘉映等译校，北京：生活·读书·新知三联书店，1999年，第72页。

得到解释的”。[1]

海德格尔的现象学存在论是对表象主义认识论的致命打击。非参与性的主体概念、独立的客体概念以及认识中介概念，在海德格尔看来都是不切实际的。这应当归咎于不恰当的二元论形而上学。用参与性的“我做”来代替非参与性的“我思”关闭了一切通往意识哲学的大门。相应地，观念论路线也失去了吸引力。更重要的是，海德格尔揭露出，反形而上学的认识论实质上是一种特殊的形而上学，而且是极度有问题的形而上学。

与海德格尔一样，梅洛-庞蒂在《知觉现象学》中直指最核心、最基础的问题即二元论。主体与客体、自然与文化、事实与价值、心灵与世界等一系列二元结构起源于近代科学革命，并在笛卡尔那里获得了经典的哲学表述。在此背景下衍生出两种针锋相对的立场，一是以科学为楷模的、外向的客观主义，二是以康德为代表的、内向的主观主义——梅洛-庞蒂分别称之为“经验主义”和“理智主义”(intellectualism)。《知觉现象学》想在此之外寻找一条新的哲学路线，以摆脱二元论的困扰。那么，这条路线是什么？如何通达？是否取得了成功？

梅洛-庞蒂的灵感来自胡塞尔。对于主体与客体的分裂，胡塞尔曾尝试用意向性概念加以弥合。在梅洛-庞蒂看来，胡塞尔并未获得预期效果。先验现象学回到了观念论传统：对象变成了先验意识的相关物，世界的存在被还原为世界的意义。因此，对于“现象学还原”，梅洛-庞蒂作了这样的评价：“在‘还原’的规则中，存在着的只有意识、意识的种种活动及其意向性对象。”[2]对此，海德格尔也表达过类似不满：“这种观念，即意识要成为绝对科学的可能对象，完全不是

---

① Martin Heidegger, *The Basic Problems of Phenomenology*, trans. Albert Hofstadter, Bloomington: Indiana University Press, 1982, p. 162.

② 梅洛-庞蒂：《哲学赞词》，杨大春译，北京：商务印书馆，2003年，第145页。

什么发明；主导笛卡尔以来的近代哲学的正是这种观念。”[①]然而，在梅洛-庞蒂看来，这只是胡塞尔的一个面相。

1939年，梅洛-庞蒂来到卢汶，阅读了《观念II》《危机》以及胡塞尔的大量手稿。这次卢汶之旅让梅洛-庞蒂见识了一位不为人熟知的胡塞尔，一位意欲远离观念论的胡塞尔，一个侧重于“自然的世界概念”和“生活世界”的胡塞尔，并由此奠定了《知觉现象学》的基调。这可以解释为何《知觉现象学》对“现象学”作了看似矛盾的定义：现象学既是对本质的研究，也是将本质放回存在的哲学；现象学是悬置自然态度的先验哲学，但也主张在反思之前世界总是已经存在；现象学追求严格科学的理想，但也试图描述我们居于其中的时间、空间和世界。[②] 显然，梅洛-庞蒂更倾向于晚年胡塞尔，认为从中可以引出新的哲学路线。这条路线不是别的，正是有关前反思知觉的现象学。

一直以来，哲学反思苦苦追求着彻底性和透明性，并期望在确定性的基础上构造出整个世界。梅洛-庞蒂认为，这个追求彻底性的反思概念本身是不彻底的，因为它忽略了自身的可能性条件：“我们不仅必须采取反思的态度——在牢不可破的我思（cogito）中，而且也必须对这种反思进行反思，理解其自然处境。”[③]什么是自然处境？梅洛-庞蒂的回答是：知觉场（或现象场）。知觉场先于一切理论、判断、反思和对象化。“知觉不是关于世界的科学，甚至不是一项活动以及有意采取某种立场，它是所有活动得以呈现的背景，这些活动均预设了知觉。”[④]知觉场与海德格尔的“在世存在”颇为相似，都意指先于主

---

① Martin Heidegger, *History of the Concept of Time*, trans. Theodore Kisiel, Bloomington: Indiana University Press, 1985, p. 107.

② Maurice Merleau-Ponty, *Phenomenology of Perception*, trans. Colin Smith, New York: Routledge, 2002, p. vii.

③ Maurice Merleau-Ponty, *Phenomenology of Perception*, trans. Colin Smith, New York: Routledge, 2002, p. 71.

④ Maurice Merleau-Ponty, *Phenomenology of Perception*, trans. Colin Smith, New York: Routledge, 2002, p. xi.

客体二元论并使之成为可能的非二元结构。但与海德格尔不同，梅洛-庞蒂更强调身体的重要性。知觉主体首先是身体主体，知觉场的呈现始终伴随着身体对世界的能动性参与和介入。沿着这条道路，《知觉现象学》重构了主体、世界、时空、我思等一系列核心概念，并为现象学开辟了另一番广阔天地。

海德格尔与梅洛-庞蒂的现象学存在论可谓光芒四射，气度非凡。即便如此，我们依然想问，他们是否真正完成了自己的理论使命——克服二元论？如前所述，康德的革命带来了两个重要后果：主体性原则与观念论。海德格尔与梅洛-庞蒂的现象学存在论颠覆了意识哲学以及相应的观念论路线，那么他们是否同时破除了主体性原则？答案是否定的。《存在与时间》的一个初衷是解构主体性，后来海德格尔却不无遗憾地说，《存在与时间》克服二元论的尝试"有违自身的意愿而进入那种危险之中，即只是重新成为一种对主体性的巩固"。[①] 在《知觉现象学》中，梅洛-庞蒂沿着海德格尔的路线论证了知觉的优先性。可是，在生命的最后阶段，他却说"《知觉现象学》中提出的问题是不可解决的，因为我是从区别'意识'和'客体'开始进入这些问题的"。[②] 为什么会这样？

种种迹象表明，海德格尔和梅洛-庞蒂的存在论批判并不彻底。他们依然是康德的子嗣，"哥白尼式的革命"的拥护者。从根本上说，海德格尔和梅洛-庞蒂只是改造了主体性，但并未放弃主体性原则本身。[③] 不错，意识主体是不恰当的。不错，主体首先应该是在世主体或者涉身(embodied)主体。然而，在世的此在或身体主体仍然是主体。在胡塞尔那里，世界是先验意识的相关物。在海德格尔那里，世

---

① 海德格尔：《尼采》，孙周兴译，北京：商务印书馆，2002年，第825页。

② 梅洛-庞蒂：《可见的与不可见的》，罗国祥译，北京：商务印书馆，2008年，第251页。

③ 例如，Fred Evans 与 Leonard Lawlor 认为，《知觉现象学》本质上是现代主义的人道主义。参见 Fred Evans and Leonard Lawlor, "Introduction: The Value of Flesh." in Fred Evans and Leonard Lawlor eds., *Chiasm: Merleau-Ponty's Notion of Flesh*, New York: State University of New York Press, 2000, pp. 2-9.

界变成了此在的相关物。在梅洛-庞蒂那里，世界则是知觉主体的相关物。尽管主体性的内涵发生了变化，世界的呈现方式也随之改变，但胡塞尔的基本哲学架构被全盘保留下来，主体性原则依然如故。[①]我们不可能直接面对存在，除非借助于此在的在世实践；我们不可能直接面对世界，除非借助于身体的参与。存在对于此在或身体主体的路径依赖昭然若揭。[②]

总之，现象学存在论废黜了认识论的第一哲学地位，但它的存在论指向却是误入歧途的。

三、科学实践研究与社会建构论

看来，在构想存在论的科学观念时，并不能仰仗现象学存在论，尽管它深刻揭露了认识论哲学的弱点。那么，一种适当的存在论架构应该是什么样子？在回答这个问题之前应该首先明了，20 世纪 70 年代之后科学哲学界究竟发生了什么？科学的形象发生了怎样的转变？倘若用一句话概括，那就是从作为知识的科学观念转向了作为实践的科学观念。

前文谈到，逻辑实证主义以降的科学哲学把认识论视为自己的中心任务，即对科学知识的有效性、客观性以及合理性进行反思和批判。这项工作显然属于先验哲学的范畴，因为诸如此类的规范性问题不可能也不应该诉诸经验事实，后者恰恰是有待说明和解释的。于是，科学哲学便具有规范性、先验性与非历史性的特征：第一，它所

---

① 主体主义并不等于意识哲学，远离意识哲学并不必然意味着放弃主体主义。比如，库恩的范式理论距离意识哲学相当遥远，因为他更多地关注科学共同体而非个体。即便如此，库恩依然是康德主义者，只是将康德的范畴历史化罢了，因此他把自己的立场称作后达尔文式的康德主义（post-Darwinian Kantianism）。参见 Thomas Kuhn, *The Road Since Structure*, eds. James Conant and John Haugeland, Chicago: University of Chicago Press, 2000, p. 104.

② 这涉及现象学的最核心问题。但鉴于问题的复杂性，在此无法展开详细讨论。

要回答的是科学之为科学的规范性问题，这与事实无关，“辩护的情境”迥然不同于“发现的情境”；第二，为规范性奠基的是先天的必然结构或关系，比如卡尔纳普的逻辑句法关系或胡塞尔的先验意识结构[①]，这与康德哲学一脉相承；第三，先天的结构或关系是超历史的，不具有时间维度。在此背景下，尽管不同的流派交锋不断，但科学哲学整体上长久保持着某种默会的统一性。比如，在论及卡尔纳普和波普尔的时候，哈金说道：

> 他们二人都认为，观察与理论之间存在相当深刻的差别。他们都认为，知识的增长大体上是积累性的。可能波普尔关注的是反驳，但他认为科学是进化的，并且迈向一个唯一正确的宇宙理论。他们都认为，科学有一个相当严密的演绎结构。二人都认为，科学术语是或应该是相当精确的。……二者都认为，辩护的情境和发现的情境之间存在根本性的区别。……哲学家们关心辩护、逻辑、理由、稳固性和方法论。波普尔或卡尔纳普的行当并不关注发现的历史情境、心理幻想、社会互动或经济环境。……从本质上说，卡尔纳普和波普尔的哲学都是非时间性的：外在于时间，外在于历史。[②]

在此背景下，科学实践被长期边缘化。在主流科学哲学的坐标系上，做实验、操作仪器、撰写论文、绘制图表、测量等一系列活动均被归入“发现的情境”，成为社会学、心理学和历史学的研究课题。哲

---

① 劳斯认为，尽管卡尔纳普与胡塞尔之间存在巨大的差异，但在诉诸先天性这一点上不谋而合，前者将规范性奠基于逻辑句法，后者将规范性奠基于先验意识结构。参见 Joseph Rouse, *How Scientific Practices Matter*, Chicago: University of Chicago Press, 2002, pp. 33-44.

② Ian Hacking, *Representing and Intervening*, Cambridge: Cambridge University Press, 1983, pp. 5-6.

学家们的理由相当充分，它们作为经验事实与规范认识论无关，任何对事实的描述都无法回答规范性问题。

但从另一个角度看，这一做法相当滑稽。正如导论所言，近代科学与古典科学迥然有别。与古典科学的思辨与静观不同，近代科学的最大特色是实验和介入。这种内在性的品格远离了柏拉图式的超越性理想。科学并非来自天堂，它是在实践中构成并不断重构的。因此，对科学的普遍性、合理性与客观性的解释不应脱离实践的地基。科学哲学家们一方面对近代科学的辉煌成就赞叹不已，另一方面却对介入和实践视而不见，将其当作认识论的非法主题，而它们恰恰是近代科学之为近代科学的本质特征之一。这应验了尼采的说法："当他们（哲学家）从永恒的视角出发，对一件事进行非历史化时，当他们把它做成木乃伊时，自以为在向一件事表示尊敬。"[①]我们不得不怀疑，哲学家们为之辩护的是近代科学吗？不是。尽管他们口头上赞美近代科学，心向往之的乃是古典科学，为此不惜将近代科学意识形态化，不惜制作科学的木乃伊，不惜犯下年代学错误。

第一位为科学实践正名的当数托马斯·库恩。[②] 这位哲学家兼科学史家或许是科学哲学发展史上最重要、也最具争议的人物。"范式""危机""科学革命""不可通约性"等用语几乎成为库恩哲学的标签。在当时的氛围中，《科学革命的结构》显得那么激进，那么格格不入，以至很多人将库恩打入非理性主义和相对主义之列。几十年之后的今天，"革命"的硝烟早已散去，我们得以心平气和地看待这段历史：库恩的工作到底有什么意义？"革命"的方向是什么？他在何种

---

① 尼采：《偶像的黄昏》，卫茂平译，上海：华东师范大学出版社，2007年，第54页。

② 当然，这只是就英美科学哲学而言。在欧陆，早在20世纪30年代，巴士拉（Gaston Bachelard）与弗莱克（Ludwig Fleck）已经开始探讨科学实践问题了，并提出了一些重要概念，比如"现象技术"（phenomeno-technology）、"思想集体"（thought collective）。但是，这些工作长期以来未能进入英美学者的视域。简明叙述参见 Hans-Joerg Rheinberger, *On Historicizing Epistemology*, trans. David Fernbach, Stanford: Stanford University Press, 2010, chap. 2.

意义上改变了人们的科学观念？

在库恩看来，传统科学哲学俨然将自己视为“元科学”（meta-science）。所谓元科学，就是试图站在科学实践之外为知识的本质、合理性或方法论寻找确定的基础和根据。比如，逻辑实证主义的“证实”与波普尔的“证伪”概念绝不是从科学研究活动中提取出来的，因此外在于科学实践。同时，这些概念试图规定科学的本质，并发挥着对科学实践的规范功能。作为规范认识论的科学哲学具有如下特征：第一，把科学等同于知识体系，而非具体的实践活动，实践活动如何开展并不重要，重要的是得出了怎样的科学知识；第二，科学知识需要哲学进行辩护和奠基，否则其权威性与合法性无法得到保证；第三，此种辩护是一种外在性辩护，即游离于实践情境之外的非参与性辩护；第四，科学哲学提供的合理性标准与方法论标准虽然不一定被实际遵守，但如果要配得上科学之名就应该遵守。

库恩宣称，上述做法存在致命的缺陷，掩盖了科学的真实面貌。科学不等于科学理念，逻辑不能取代历史。为了追求科学理念，把科学木乃伊化，这样的做法代价太过高昂。为了还科学以真实的面貌，必须走向历史，将真实的科学实践展示出来。这与海德格尔颇有相似之处。海德格尔的哲学起点是此在的在世存在，这恰恰是胡塞尔力主悬置的“自然态度”。库恩则将科学家的实践活动作为起点，而这正是以往的哲学家们不屑一顾的。何谓真实的科学？所谓真实的，意味着历史的、内在于时间的。《科学革命的结构》一改之前的非历史性倾向，把科学置于动态的历史情境之中。在《结构之后的路》中，库恩回忆说：

> 从根本上改变既有科学形象的新方法本质上是历史的，但在首先提出这一方法的人中间没有一个是历史学家。确切地说，他们是哲学家，大多数是专业哲学家，再加上一些业余爱好者，后者通常受过科学训练。我就是其中之一。

> 尽管我的大部分生涯都致力于科学史研究，但我开始是一位对哲学有着强烈业余兴趣的理论物理学家，对历史几乎一无所知。是哲学的目标促使我向历史靠拢……①

可见，库恩的历史化诉求并非纯粹出于史学旨趣，他从一开始就满怀哲学动机，期望借助于科学史研究来彻底改变正统的科学形象以及哲学研究范式。这最终让库恩得出了迥然不同的科学图像。第一，科学首先是一项活生生的历史活动，虽然生产理论知识是其重要的任务之一，但绝非全部。实验、操作、对仪器的使用、学生的专业训练都是科学的重要组成部分。第二，科学知识的权威性和合法性不应由哲学来担保，而且哲学也没有能力承担这样的任务。这并不意味着科学将丧失确定性的基础，而是说诸如此类的基础来自科学共同体的实践本身。第三，作为元科学的科学哲学观念是站不住脚的，这不仅因为哲学的辩护方式还不够完善，更因为终极的哲学基点是没有的，“外在于历史，外在于时间和空间的阿基米德平台已经一去不复返了”。② 第四，即使哲学提出了完美的方法论标准或者合理性规范，它也是无效的，无法对科学共同体的活动构成指导。原因很简单，既然它与实际的科学无关，科学家为什么要理会这些空洞的规范呢！

现在看来，《科学革命的结构》不啻为一场哲学革命，它从根本上改变了科学哲学的角色。科学哲学不应把自己视为元科学，不应以奠基为己任。为了理解科学，必须放弃规范认识论的范式，转而对科学共同体作历史的、动态的考察。何谓客观的？什么是合理的？应采取怎样的方法？诸如此类的问题应由科学共同体来回答。因此，

---

① Thomas Kuhn, *The Road Since Structure*, eds. James Conant and John Haugeland, Chicago: University of Chicago Press, 2000, p. 106.

② Thomas Kuhn, *The Road Since Structure*, eds. James Conant and John Haugeland, Chicago: University of Chicago Press, 2000, p. 115.

并不存在元科学，或者说科学本身就是自己的元科学。所以，斯唐热观察到，科学哲学家对库恩相当愤怒，而科学家则表示赞同。原因在于，库恩否认科学哲学之于科学的权威性，并将这种权威交给科学共同体。[①] 总而言之，库恩一方面取消了科学哲学作为元科学的合法性，另一方面力主通过描述科学实践来回答以往的认识论问题，打开了通往科学实践研究的大门。正如劳斯所言，《科学革命的结构》放弃了认识论的科学概念，走向了研究活动本身，走向了"作为实践的科学"。[②]

库恩之后，科学哲学的发展出现了分叉。以劳丹和拉卡托斯为代表的历史主义者，在承认科学历史性的同时，力图对科学史进行合理重构，实现历史与逻辑的统一。他们误以为库恩是偶像破坏者，不遗余力地论证科学的历史合理性，力图救科学于水火。在另一端，科学论沿着库恩开创的道路大踏步前行，逐渐形成关于科学实践的社会学、政治学、历史学、人类学研究群。[③]

以科学实践研究为宗旨的科学论最引人注目的特色是案例分析。随手翻翻科学论的经典著作，通篇都是琐碎的经验描述。有人或许疑惑，这根本不是哲学！事实并非如此。通常，人们将科学论的哲学立场归纳为"社会建构论"。倘若没有社会建构论，很难想象科学论能够成为一个独特的研究领域。在回顾科学论的历史发展时，西斯蒙多(Sergio Sismondo)说道：

---

① Isabelle Stengers, *The Invention of Modern Science*, trans. Daniel Smith, Minneapolis: University of Minnesota Press, 2000, pp. 4-5.

② Joseph Rouse, "Kuhn's Philosophy of Scientific Practice." in Thomas Nickles ed., *Thomas Kuhn*, Cambridge: Cambridge University Press, 2003, p. 102.

③ 关于科学论的发展脉络，皮克林给出了宏观的描述，参见 Andrew Pickering, "From Science as Knowledge to Science as Practice." in Andrew Pickering ed., *Science as Practice and Culture*, Chicago: University of Chicago Press, 1992, pp. 1-26。更加详尽的概述可参见 David Hess, *Science Studies*, New York: New York University Press, 1997, chap. 4；西斯蒙多：《科学技术学导论》，许为民等译，上海：上海科技教育出版社，2007 年。

> (建构)隐喻足以有助于将STS与更加一般的科学技术史区别开来,与科学哲学的理性主义方案区别开来,与技术哲学的现象学传统区别开来,与有局限的科学制度社会学区别开来。①

何谓社会建构论?第一,社会建构论主张,自然、对象或者知觉经验不足以决定知识命题的意义。这样,它便与实证主义、经验主义或者科学实在论划清了界限。第二,要解释科学,必须诉诸社会因素。自然并不具有决定性,科学实践伴随着社会力量的参与,并且它们渗透到知识内核中。第三,社会学说明是因果性的、自然主义的,反对先验方法。社会建构论放弃了规范的合理性进路,走向了对科学实践的经验描述。"科学社会学的目的是描述作为一种社会活动的科学研究活动,继而认识科学知识如何被蕴涵在这种活动中、并且由这种活动产生出来。"②第四,社会建构论采取了方法论相对主义立场。既然社会学研究要对所有的知识进行解释,就须首先对合理性问题进行悬置。这并不意味着所有的知识都同样真或者同样假,而是说"无论真假与否,它们的可信性的事实都同样被看作是有问题的","所有信念的影响,无一例外都需要经验研究,并且必须通过找出其可信性特有的、特殊的原因来加以说明"。③ 在上述原则的基础上,社会建构论通过大量的案例研究证明了科学与社会的内在相关性。所谓内在,意味着认识论与社会学是相通的。认识论不应诉诸康德式的先验方法,而应诉诸经验社会学。"辩护的情境"与"发现的

---

① Sergio Sismondo, "Science and Technology Studies and an Engaged Program." in Edward Hackett et al., eds. *Handbook of Science and Technology Studies*, Cambridge: The MIT Press, 2008, p. 17.

② 巴恩斯、布鲁尔等:《科学知识:一种社会学的分析》,邢冬梅等译,南京:南京大学出版社,2004年,第137页。

③ 巴恩斯、布鲁尔:《相对主义、理性主义和知识社会学》,鲁旭东译,《哲学译丛》2000年第1期,第6页。

情境”是一个整体，不能将二者对立起来。这些研究表明，科学不是超越社会、政治与文化情境的纯智力活动。可以说，相比于库恩，科学论研究者大大拓展了科学实践研究的范围，原本被忽视的细节被一一呈现出来，比如科学论文的撰写、仪器的操控、科学家与外部群体的协商等。如果说库恩的科学实践概念尚局限于科学共同体的话，科学论则打破了内部与外部的界限，将一切相关的社会要素均纳入进来。①

回顾历史，可以发现“建构”思想并不是社会建构论的独创，它可以追溯到康德。康德的先验哲学旨在回答知识如何可能的问题，即寻找知识的形式的、逻辑的先天条件。时间、空间和范畴作为先天的必要条件，为科学提供了可能性根据。知识之所以可能，在于“一般可能经验的先天条件同时是经验对象的可能性条件”。社会建构论延续了康德的思路，也力图寻找科学知识的条件。但是，它追寻的不再是先天的必要条件，而是后天的事实条件。对后天事实条件的研究，不可能诉诸先验反思来完成，而只能通过对科学实践进行经验描述来完成。从这个意义上说，社会建构论属于“经验哲学”，以区别于康德式的先验哲学。

概括一下，自库恩掀起“哲学革命”以来，科学实践研究得到了蓬勃发展。在科学论研究者看来，科学既不是希腊人所构想的超越性的理念存在，也不是近代人所构想的关于世界的静态表象，而是现实的科学实践的现实成就。这样，作为知识的科学观念便让位于作为实践的科学观念。以往关于真理、合理性、客观性的规范性问题被转化为有关科学实践的经验问题。从这个意义上说，科学实践研究是当代实践转向的重要组成部分。

然而，社会建构论尽管大大推进了科学实践研究，却默认了另一

① 从这里可以看出，库恩也有保守的一面。他尽管放弃了逻辑实证主义的理性主义，但依然坚持内部主义，强调科学共同体的自主性，并严格区分科学的内部与外部。

种超越性，即自然/社会二元论，这使得它无法准确阐释科学实践的意义。何以至此？

四、布鲁尔/拉图尔之争与“哥白尼式的反革命”

对于革命者，人们通常持两种截然相反的态度：或者认为革命者太激进而将其丢进垃圾箱，或者认为革命者不够激进而斥之为“伪革命”。曾几何时，发端于爱丁堡学派的科学论何等地激进、何等地革命！它力图戳穿主流科学观的虚伪面纱，颠覆人们的常识性观念。这又曾遭到了多少人的冷嘲热讽。在20世纪90年代爆发的“科学大战”中，主流的哲学家、社会学家、科学家与社会建构论者针锋相对。他们言辞激烈地抨击社会建构论是学术泡沫，应该丢入历史垃圾箱。这典型地代表了第一种态度。最终，这场论战沦为意识形态之争而丧失学术价值。还有一派认为，社会建构论远没有那么革命，尽管它在科学实践研究上功不可没，但其理论框架延续了近代哲学传统。通常，革命者总是力图与过去拉开距离，宣称自己开创的是前无古人的伟业。但回过头来往往会发现革命者与被革命者之间有着千丝万缕的联系。

那么，社会建构论为何还不够激进？它从近代哲学中继承了什么？这又何以导致它误解了科学实践？应该作怎样的修正？下面，通过考察布鲁尔与拉图尔之间的争论，我力图说明社会建构论是一种社会学化的康德主义，这使得它无法彻底摆脱认识论范式与二元论架构。鉴于此，我倾向于赞同拉图尔的“哥白尼式的反革命”(Copernican counter-revolution)：剔除科学论的康德主义内核，真正从认识论的科学观念转向存在论的科学观念，进而为科学实践研究奠定坚实的基础。下面，让我们详细展开讨论。

事实上，社会建构论登上学术舞台伊始，便遭到了各方的口诛笔伐。这其中既包括正统的科学哲学家、科学史家，也包括科学家。甚至，连库恩也对社会建构论表现出强烈不满。这颇具讽刺意味，因为社会建构论者常常把库恩推举为思想先驱。在《结构之后的路》中，库恩说道：

> 有人认为强纲领的主张是荒谬的，是一个发疯的解构实例，我就是其中的一员。在我看来，当前力求替代它的更精致的社会学表述和历史学表述也好不到哪里去。这些新的表述坦率承认对自然的观察在科学发展中的确起作用。但它们对此几乎完全没有提供信息——即对自然进入协商的途径，而协商则生成着有关自然的信念。①

这番评论精准地暴露出社会建构论的困境。以往，哲学家们认为，作为有关自然的知识，科学是超越社会文化情境的。社会建构论者说：不，科学与社会是内在相关的，认识论与社会学是统一的。那么，社会学能否为科学知识提供充分的说明呢？换言之，科学纯粹是社会建构的吗？社会建构论者当然不这么认为。然而，或许出于对传统科学观的不满，社会建构论在实际研究中未能给予自然以应有的位置，这难免有矫枉过正之嫌。从这个意义上说，库恩的批评是中肯的。那么，这是社会建构论的一时疏忽？抑或是其理论框架的必然后果？20 世纪 90 年代布鲁尔与拉图尔的一场正面交锋或许能为我们提供些许线索。

布鲁尔与拉图尔是科学论的两位领军人物。布鲁尔是爱丁堡学派的创始人之一，正是他提出了著名的“强纲领”(the Strong Programme)。拉图尔是后起之秀，他与卡龙一道提出了风格迥异的研究路线即行动者网络理论。通常，人们将这两个学派统称为“社会

---

① Thomas Kuhn, *The Road Since Structure*, eds. James Conant and John Haugeland, Chicago: University of Chicago Press, 2000, p. 110.

建构论”。按理说，它们在学术取向上应当带有很大的“家族相似性”，但事实并非如此。拉图尔把《实验室生活》第二版的副标题“科学事实的社会建构”改为“科学事实的建构”，即刻意与社会建构论划清界限。在《法国的巴斯德化》《科学在行动》等著作中，拉图尔对强纲领提出了零星批评。1992年，拉图尔发表《社会转向之后的新转向》，对他与布鲁尔之间的哲学分歧进行了彻底的清算。布鲁尔也不甘示弱，1999年发表《反拉图尔》一文，发起全面反击。二者的分歧究竟在哪里？

在《知识与社会意象》中，布鲁尔提出了著名的“对称性”（symmetry）原则。对称性的意思是，我们不能仅仅对错误的知识进行社会学解释，而把正确的知识留给逻辑推理。对于正确和错误的信念，要作对称性的理解，把知识社会学贯彻到底。[1] 以往的科学哲学研究显然不够对称，因为它们把知识的辩护问题置于逻辑空间，而把有关错误以及知识起源的问题置于社会空间。在拉图尔看来，布鲁尔的对称性原则是一大进步，但不够彻底，因为他未能对“社会建构”中的“社会”进行反思，仅将其设为在先的解释要素。这与科学实在论如出一辙，都是非对称性哲学的后裔。拉图尔说道：

> 在我们这块不大的研究领域，布鲁尔的著作（《知识与社会意象》）标志着这种非对称性哲学达到了高潮。作为《纯粹理性批判》的忠实信徒，布鲁尔把涂尔干式的社会结构指派过来，占据了“日心说”中的“心”那个位置，并为如下原则起了“对称性”的名字：这个原则要求我们用同样的社会学词汇来说明科学发展中的成败。这的确是一大进步，因为在此之前，人们只用自然来说明好科学，只用社会来说明坏科学。然而，正是这个对称性原则所获得的成功，掩盖

① 布鲁尔：《知识与社会意象》，艾彦译，北京：东方出版社，2001年，第3—8页。

> 了布鲁尔的主张的彻底非对称性。主张用社会来解释自然！我们从一极出发，去解释另一极。[1]

这段话需要稍作解释。为什么拉图尔认为布鲁尔是“康德的忠实信徒”？在《纯粹理性批判》中，康德自称实现了“哥白尼式的革命”。在以往的哲学中，主体总是围绕客体转。在康德那里，哲学的参照系发生了转换，客体反过来围绕着主体转。“自然实在论”致力于从自然出发来解释科学，把科学视为对自然的表象。社会建构论则反其道而行之，坚持“社会实在论”。所谓社会实在论，就是把社会设定为解释科学的依据，即借助于社会结构、利益、权力、协商等要素来说明科学知识。“社会”取代了康德的“我思”，成为理解知识的终极根据。

布鲁尔不同意拉图尔的分析，认为这是对强纲领的严重误解。强纲领尽管侧重于社会学说明，但原则上并不否认感知经验的重要性：“在强纲领之内，没有任何需要或倾向来否认科学家观察到的东西具有精确和详尽的特征。”[2]所以，科学知识社会学不是某种形式的康德主义，更不具有唯心主义倾向。乍一看，布鲁尔的话很有道理。强纲领的确不是唯心主义，但也仅此而已。在康德那里，现象固然是物自体与范畴的综合。然而，我们能够反思的只是先天条件，物自体是不可知的，它在先验哲学中的作用仅仅是为了确保康德不跌入唯心主义。拉图尔认为，布鲁尔肯定感知经验与康德设定物一自体的做法如出一辙：

> 如果我们列举出事物或感觉输入在科学知识社会学的

---

① Bruno Latour, “One More Turn after the Social Turn⋯.” in Mario Biagioli ed., *The Science Studies Reader*, New York: Routledge, 1999, p. 280.

② 布鲁尔：《反拉图尔》，张敦敏译，《世界哲学》2008 年第 3 期，第 76 页。

> 叙事中起到的全部作用，我们将震惊于这样一个事实：它们并没有太多的作用。正像康德那样，而且也完全是出于同一个原因，物自体在那里就是为了证实某人不是唯心论者……①

这段话真可谓一针见血。通过与康德的类比，拉图尔准确阐明了社会建构论对于自然或者经验输入的态度。一方面，布鲁尔并不否认经验输入的作用，正如康德并不否定物自体的存在一样。但另一方面，对于它究竟发挥什么作用，布鲁尔原则上无法解答，正如康德不能告诉我们物自体是什么一样。

这场论战将社会建构论的康德主义基础一览无余地呈现出来。在我看来，社会建构论是社会学化的康德主义：与康德一样，社会建构论主张客体应当围绕主体转，因而紧密追随"哥白尼式的革命"；与康德不同，社会建构论认为哲学的终极基础不是"我思"而是"社会"，为知识的客观有效性奠基的不是范畴之类的主体性根据，而是包括社会结构和社会关系在内的社会学根据。社会建构论有激进的一面，也有保守的一面。激进之处在于，知识的社会建构必然导致认识论的相对主义，因为社会结构和社会关系是历史的、可变的，不具有先天必然性。这对占主流地位的普遍主义科学观产生了强烈冲击。保守之处在于，它继承了康德哲学的精神，延续了近代以降的二元论传统。社会建构论的康德主义内核不可避免地带来两个致命后果。第一，正如库恩所批评的那样，社会建构论无法说明自然或经验输入对知识的构成作用。这并不是社会建构论的一时疏忽，而是其理论出发点所致。第二，它严重误解了科学实践概念。在社会建构论那里，科学实践首先是一个社会学概念，其中包含着权力、利益、协商、

---

① 拉图尔：《答复D. 布鲁尔的〈反拉图尔〉》，张敦敏译，《世界哲学》2008年第4期，第73—74页。

性别与阶级斗争等。但我们知道，科学实践有着不可消除的物质性维度。对此，培根、杜威、哈金等人业已作了令人信服的论证。然而，作为社会学化的康德主义，社会建构论对科学实践作社会学还原，在很大程度上忽视了科学实践的物质性内涵。

要放弃康德主义吗？应该摆脱二元论吗？布鲁尔不愿这么做。尽管这个框架有诸多缺陷，但他认为“采取全盘否定它的态度是没有好处的”。[①] 这与强纲领的认识论立场不无关系。一方面，社会建构论借助于对称性原则反对规范认识论；但另一方面，认同对称性原则并不必然意味着放弃认识论本身。布鲁尔坚持严格区分自然本身与关于自然的表象，正如查尔斯·泰勒所说，这恰恰是认识论之为认识论的本质特征。总之，社会建构论在探讨科学实践方面居功至伟，但它对认识论的科学观念作了太多的让步，这使得它难以全面把握科学实践的内涵及其意义，难以为科学论的发展提供令人信服的理论基础。

为了克服社会建构论的理论缺陷，为了更加准确地理解作为实践的科学观念，我主张从根本上放弃认识论之为认识论的前提，而不是在既定的认识论架构内作出选择。方向是什么？“哥白尼式的反革命”。[②]

拉图尔的这一口号显然是针对康德的“哥白尼式的革命”的。在《纯粹理性批判》第二版序言中，康德将自己的思路与哥白尼的天文学作了一番类比：

向来人们都认为，我们的一切知识都必须符合对象。但是，根据这个假定，想要先天地确立起有关对象的概念，

---

① 布鲁尔：《反拉图尔》，张敦敏译，《世界哲学》2008年第3期，第71页。

② Bruno Latour, *We Have Never Been Modern*, trans. Catherine Porter, New York: Harvester, 1993, pp. 76-79.

> 从而拓展我们有关对象的知识，所有这类尝试最终都失败了。因此，我们必须尝试，当假定对象必须符合我们的知识时，我们的形而上学任务是否会取得更大的成功……这样，我们应该沿着哥白尼的初始假设的路线前进。在假定全部天体围绕观察者旋转时，哥白尼对天体运动的解释已无法令人满意地进行下去。于是，他试着让观察者旋转、让星体静止，看看这样是否会取得更大的成功。[①]

近代科学发端于哥白尼革命，托勒密的地心说为日心说所取代。这一变革极具象征意义，它甚至代表了整个近代科学的精神走向：把人从中心位置上赶下来，将世界客观化、对象化。然而，颇具讽刺意味的是，康德这位近代科学的追随者与辩护人却在哲学中复活了托勒密主义，将哥白尼式的近代科学奠定在托勒密式的主体性哲学之上。对此，杜威早已有所察觉，"对许多批评者来说，让所知的世界围绕能知的心灵组织，这种努力似乎退回到了十足的托勒密体系"。[②]当代法国哲学家梅亚苏（Quentin Meillassoux）则不无戏谑地指出，康德的哲学革命实质上是"托勒密式的反革命"（Ptolemaic counter-revolution）：

> 显而易见，对于康德式的思维革命来说，更恰当的比喻应该是"托勒密式的反革命"，因为他所肯定的不是我们原以为不动的观察者事实上绕着观察到的太阳转，而是主体是认识过程的中心。[③]

---

① 康德：《纯粹理性批判》，邓晓芒译，北京：人民出版社，2004年，Bxvi。

② John Dewey, *The Quest for Certainty: A Study of the Relation of Knowledge and Action*, New York: Minton, Balch & Company, 1929, p. 287.

③ Quentin Meillassoux, *After Finitude: An Essay on the Necessity of Contingency*, trans. Ray Brassier, New York: Continuum, 2008, p. 118.

在拉图尔看来，不管是前康德式的以对象为中心的哲学，还是康德式的以主体为中心的哲学，都不足以为科学实践提供恰当的说明。主体/客体、自然/社会、事实/价值、第一性质/第二性质、心灵/世界等一系列二元范畴不应作为哲学的出发点："不能用社会（或者主体、精神、大脑……）来解释科学实践，当然也不能用自然，因为二者都是科学技术制造实践的结果。"①为了彻底告别二元论，为了摆脱主观主义与客观主义的两难选择，必须发动一场"哥白尼式的反革命"。"哥白尼式的反革命"有两层含义：一方面，它是对康德的"哥白尼式的革命"的反动，即放弃让客体围绕主体转的路线；另一方面，既然它号称是"哥白尼式的"，便意味着哲学参照系将再次发生转移。转移到哪里？哲学既不能围绕客体转，也不能围绕主体转，而应当专注于主体与客体的居间地带即经验杂多的现象世界，赋予现象世界以优先性，从"中间王国"（the Middle Kingdom）解释两端。请看下图：

自然（客体）　⟸ 科学实在论 / 社会建构论 ⟹　社会（主体）
（"哥白尼式的反革命"之前）

自然（客体）←——现象世界——→社会（主体）
（"哥白尼式的反革命"之后）

只有当我们接受"哥白尼式的反革命"，抛弃二元论的现代架构，并将目光转向生成性的现象世界，才能真正摆脱认识论范式，进入到存在论的科学观念。那么，这种存在论将呈现出何种形态？存在论的科学图像又将怎样？

五、能动存在论与存在论的科学观念

从思想史上看，"存在论"（ontology）这个词并非古已有之，它是

① Bruno Latour, "One More Turn after the Social Turn…." in Mario Biagioli, ed., *The Science Studies Reader*, New York: Routledge, 1999, p. 283.

由沃尔夫(Christian Wolff)于17世纪前后引入的。[1] 沃尔夫认为，形而上学可以分为三个部分：宇宙论、心理学和存在论。存在论研究的是存在一般(being in general)，而宇宙论与心理学则以单一的存在者为对象，比如世界、上帝或灵魂。这样看来，存在论的主题应该是亚里士多德所说的“作为存在的存在”(ens qua ens)。长久以来，关于存在论，人们常常持有两种针锋相对的立场，一方强调存在的优先性，另一方强调生成的优先性。比如，赫拉克利特认为“一切皆流，无物常驻”，巴门尼德则主张“存在是一，是完全的、不动的”。在漫长的思想史中，存在对于生成取得了压倒性的优势。柏拉图、亚里士多德、笛卡尔等人无不以存在为出发点来构造自己的体系，并将纷繁复杂的生成与运动还原到存在之上。以亚里士多德为例，所谓生成指的是从潜能到现实的运动过程，而现实本身并不生成。

近代之后，存在论传统遭到重创。康德认为，在探讨存在之前，必须首先对自己的认识能力进行反思，否则必然陷入独断论。因此，认识论逻辑上先于存在论。这也是认识论在近代成为第一哲学的重要理由。在此前提下，人们逐渐走上主体主义道路。理由很简单，任何关于认识能力的反思和批判都必须反求诸己，将主体性作为基点和最终的归宿。这种主体主义的思维方式决定了存在论的观念论走向。任何存在只有被纳入到思维内才是可思维的。这句话看似同语反复，实际上表明存在只能是主体的观念性构造。可是，带有强烈托勒密主义色彩的主体主义尽管满足了哲学的彻底性与严格性的要求，却与客观主义的思维方式格格不入。以自然科学为楷模的客观主义认为，存在并不依赖于主体。相反，主体只能如其所是地表象世界，将对象的结构与法则客观精确地描述出来。客观主义对存在之独立性的设定难逃独断论之嫌，胡塞尔曾斥之为“对事实的迷信”。[2]

---

① Ian Hacking, *Historical Ontology*, Cambridge: Harvard University Press, 2002, p. 1.

② 胡塞尔：《哲学作为严格的科学》，倪梁康译，北京：商务印书馆，1999年，第64页。

甚至，正如梅亚苏论证的那样，实在论本身包含着难以克服的“语用矛盾”(pragmatic contradiction)：把存在设定为非设定的。换言之，实在论一方面设定存在独立于主体，另一方面又否认设定行为本身，其言语行为与内容是相矛盾的。[①] 然而，这一看似致命的弱点并未阻止客观主义的传播，实证科学的突飞猛进使之赢得了广泛支持。在此背景下，科学哲学家相当无奈，他们不得不在主观主义与客观主义中间作出非此即彼的选择。社会建构论选择了前者，科学实在论选择了后者。除此之外，似乎没有第三种选择。果真如此吗？

怀特海曾经指出，“自然的分叉”只是“错置具体性谬误”的结果罢了。什么是“自然的分叉”(bifurcation of nature)？他在《自然的概念》中写道：

> 自然二分为在意识中理解的自然与作为意识之原因的自然。作为意识所理解的事实的自然在其中包括树木的绿色，鸟儿的歌唱，太阳的温暖，椅子的硬度以及光滑之感。作为意识之原因的自然是由分子和电子构成的猜测(conjectured)系统，它们影响着心灵，使之产生表象自然的意识。这两个自然的交汇点是心灵，即流入着的原因自然(causal nature)与流出着的显现自然(apparent nature)。[②]

何谓“错置具体性谬误”(fallacy of misplaced concreteness)？简单地说，就是错把思维抽象当作具体的存在。[③] 在怀特海看来，主体/客体、第一性质/第二性质、物质/精神等只是人们借以思考世界的抽

---

① Quentin Meillassoux, “Speculative Realism.” in R. Makay, ed., *Collapse III*, Falmouth: Urbanomic, 2007, pp. 411-413.

② Alfred Whitehead, *The Concept of Nature*, Cambridge: Cambridge University Press, 1926, p. 31.

③ Alfred Whitehead, *Science and the Modern World*, Cambridge: Cambridge University Press, 1933, p. 64.

象范畴。凭借这些范畴，人类的知识取得了飞速发展。然而，思想家们错误地认为世界本身就是由这类实体构成的，忽略了这些范畴的适用性条件。哲学的任务在于揭露这一错置具体性谬误，而不是不加批判地以之作为起点。很可惜，大部分现代思想家恰恰默认了上述谬误，自觉或不自觉地从分叉的自然出发。思想史证明，无论是客观主义还是主观主义都是死路。从主体出发，你永远无法消化客体。于是，胡塞尔不得不把自然态度/现象学态度、生活世界/科学世界对立起来。从客体出发，你也无法消化主体。于是，横扫一切的物理主义唯独在意识的"难问题"(hard problem)上犯了难。究其原因，"自然的分叉"所包含的诸二元范畴本质上是互斥的，比如物质概念从一开始就是在放逐精神的前提下得到定义的。因此，想要在二者之间实现和解简直是天方夜谭。

假如揭穿错置具体性谬误，放弃现代二元架构，世界将呈现出何种面貌？不再分叉的自然将是怎样的自然？或借用怀特海的话说，究竟什么是具体？拉图尔称之为联结(association)，怀特海称之为过程(process)，德勒兹称之为事件(event)。尽管他们在表述上各有侧重，但核心思想是一致的：用生成去解释存在，而不是相反。

这正是"哥白尼式的反革命"的核心要求：将哲学的中心转移到生成性的现象世界。在西方思想的谱系中，"现象"这个词近乎贬义。早在古希腊，现象世界便被剥夺了合法性。柏拉图认为，现象是虚幻的、变动不居的，是无知之人的"洞穴"，理念世界的摹本。尽管现象实际存在着，却不是真正的存在。只有诉诸理念，它才是可理解的。柏拉图的两个世界理论左右了后世的思想发展。在尼采看来，这是存在世界与生成世界的对峙，而且存在总是压倒生成。按理说，"现象学"应当最重视现象，"回到事情本身"要求我们如其所是地将现象呈现出来。但这完全是假象。胡塞尔所说的现象是"在直观中原初给予我们的东西"，说白了就是"意识现象"。难怪，海德格尔颇为不满地说，现象学的"回到事情本身"不过是回到意识哲学本身罢了。

真正严肃看待现象世界的是海德格尔，这特别表现在他的“在世存在”的分析中。如果胡塞尔认为生活世界是有待还原的，海德格尔则反过来主张生活世界实际上是现象学还原的可能性条件。如梅洛-庞蒂所言，它甚至证明彻底的现象学还原的不可能性。但是，海德格尔选择此在作为通达生活世界的入口导致了“路径依赖”：现象世界的存在方式依赖于此在的实践和操作活动。因此，它依然面临着被还原的危险。

“哥白尼式的反革命”继承赫拉克利特与尼采路线：赋予生成的世界以合法性，并同时将存在作为生成的结果，而非解释生成的非生成根据。在拉图尔看来，现象世界或“中间王国”是一个包含所有转译(translation)和联结过程在内的宇宙(cosmos)，他称之为“集体”(collective)：“这个词指的不是已经构成的整体，而是指将人与非人(nonhuman)的联结集合起来的程序。”[①]有人会说，这有什么奇怪？谁都知道世界是包括人与自然在内的存在者全体。但如果问这些存在者包含什么，现代人会不假思索地说：有机的精神与机械的物质，自由的主体与独立存在的客体。正如怀特海指出的那样，这一分裂的世界图景仅仅是一种抽象，是“错置具体性谬误”加诸现代人的幻觉。拉图尔之所以使用“集体”概念，正是要与“自然的分叉”画清界限。作为中间王国的现象世界是非二元论的，“集体”的一切成员都是“行动者”(actant)。在《科学在行动》中，拉图尔特意使用了 actant 这个词，以区别于主体主义色彩浓厚的 actor。后来，他又借用了米歇尔·塞尔的准主体(quasi-subject)和准客体(quasi-object)概念。准主体和准客体是介于主体/客体、自然/社会之间的东西。相比于客体，它们更具建构性；相比于主体，它们更具实在性。现象世界是由行动者或准主体、准客体构成的宇宙，是诸能动者在其中相互作

---

① Bruno Latour, *Politics of Nature*, trans. Catherine Porter, Cambridge: Harvard University Press, 2004, p. 238.

用、相互构造的生成性世界。因此，集体不是主体/客体、自然/社会的简单叠加，而是“人与非人在一个整体中的属性交换”。[①]

在这一架构中，最让人无法接受的是非人也具有能动性(agency)。现代人认为，只有人具备行动能力，只有人能够规划自己的前程，追求自己的价值，实现自己的理想等。至于物，它们只是盲目地、机械地运动，既缺乏意志，更无自由可言。如果宣称物也具有能动性，那无异于回到前现代朴素而神秘的泛灵论(animism)或泛心论(panpsychism)，而现代科学早已判处其死刑，将它丢进了历史垃圾箱。可是，能动的主体与受动的客体只是一种抽象。一方面，人看似是自由的，实际上不断遭遇并受制于物。卢梭曾经说，“人是生而自由的，却无往不在枷锁之中”。[②] 但假如挣脱一切物的枷锁，不仅自由将成为空中楼阁，甚至人本身也不可能存活下去。一味地批判物化、打碎枷锁无助于理解我们自身的现实处境。另一方面，这反过来证明物并不是消极的，它有着积极的行动和参与能力，并产生着不可忽略的后果。这在技术科学时代表现得尤为明显。如今，人的自我认知、社会关系、文化结构等总是被无处不在的技术人工物塑造着。倘若坚守消极的物质概念，你根本无法理解物对于人的建构力量。正如梅洛-庞蒂所言，肇始于“哥白尼式的革命”的现代人道主义(humanism)是一种单向的建构关系，人被当作 natura naturans(能动的自然)，世界则变成了 natura naturata(被动的自然)。[③]

赋予非人以能动性，将人与非人纳入到相同的存在论范畴，并不意味着我们必须拥抱泛灵论，如果泛灵论指的是任何存在都包含灵魂的话。[④] 任何事物，只要能够制造差别、产生效果，就可以认定它具

---

① Bruno Latour, *Pandora's Hope*, Cambridge: Harvard University Press, 1999, p. 193.

② 卢梭:《社会契约论》(修订版)，何兆武译，北京:商务印书馆，2003 年，第 4 页。

③ Maurice Merleau-Ponty, *Nature: Course Notes from the College de France*, trans. Robert Vallier, Evanston: Northwestern University Press, 2003, p. 22.

④ 关于泛灵论，拉图尔在一篇文章中有所讨论，参见 Bruno Latour, "An Attempt at a 'Compositionist Manifesto'." *New Literary Review*, 41(3), 2010, pp. 481-485.

有能动性：

> 首先，能动性总是体现在对做某事的描述中，即对某事态制造差异，通过 C 的考验（trial）将 A 变成 B。若没有描述、没有考验、没有差别、没有某事态的转变，那么对于某一特定的能动性便不存在有意义的论证，不存在可供探测的参照系。某一不可见的能动性如果没有制造差异、没有带来转变、没有留下痕迹、没有进入描述，那就不是能动性。①

这条思路与尼采是一致的："存在最内在的本质就是权力意志"②，力的相互作用所代表的"生成的实在性是唯一的实在性"。③对于这条以能动性为基础并提倡生成决定存在的路线，我将称之为"能动存在论"（agential ontology）。④

能动存在论认为，对于任何事物，我们都必须将其置于生成过程中加以理解。怀特海的过程原理准确表达了这一点，"一个现实实有（actual entity）是如何生成的，构成了该现实实有是什么"。⑤ 在拉图尔看来，生成过程是诸行动者相互联结、排斥、转译、聚合的过程。为了理解某一存在，应当考察它与其他要素之间的相互作用，描述它的种种变形以及建构与解构的历险：它转译了多少行动者？聚集的强度如何？范围有多大？遭遇到哪些抵抗？可见，并不是本质先于存

---

① Bruno Latour, *Reassembling the Social: An Introduction to Actor－Network－Theory*, Oxford: Oxford University Press, 2005, pp. 52-53.

② 尼采：《权力意志》，孙周兴译，北京：商务印书馆，2007 年，第 985 页。

③ 尼采：《权力意志》，孙周兴译，北京：商务印书馆，2007 年，第 722 页。

④ 芭拉德采用了"能动实在论"（agential realism）的提法。她对 agency 的理解与拉图尔相当接近，但实在论这个词涵盖面过窄。参见 Karen Barad, "Agential Realism: Feminist Interventions in Understanding Scientific Practices." in Mario Biagioli, ed., *The Science Studies Reader* New York: Routledge, 1999, pp. 1-11. 对"能动实在论"的简明概述参见孟强：《作用实在论：超越科学实在论与社会建构论》，《科学学研究》2007 年第 4 期。

⑤ Alfred Whitehead, *Process and Reality*, New York: The Free Press, 1978, p. 23.

在，而是萨特所说的“存在先于本质”。我们不能凭借存在者的本质去说明存在者的运动过程，而应该反过来通过考察存在者的运动来说明它的本质。与萨特不同，能动存在论认为“存在先于本质”不仅对“自为存在”是有效的，对一切存在者均有效，包括“自在存在”。拉图尔不无戏谑地将这条思路称作 being qua other（作为他者的存在），以区别于传统的 being qua being（作为存在的存在）。[①] “作为存在的存在”首先设定存在的自我同一性，并将多样化的他者还原到不可还原的实体之上。“作为他者的存在”则意味着一切事物都必须通过与他物的相互作用来赢得自己的本质。

能动存在论坚持“不可还原性原理”（principle of irreducibility）：“没有什么东西本身可以还原或不可还原成别的东西。”[②]从希腊开始，追求第一因、始基或本源性一直是哲学的终极目标。思想家们千方百计地想把纷繁复杂的现象还原到某些确定的范畴，比如柏拉图的理念、亚里士多德的第一推动力、中世纪的上帝、笛卡尔的思维/广延等。与此同时，这些终极范畴本身是不可还原的，否则将陷入无穷倒退。这样，现象/本质、生成/存在、内在性/超越性之间的界限变得泾渭分明。能动存在论主张，一种脱离生成过程的存在并不是真正的存在，充其量只是“错置具体性谬误”带来的幻觉。怀特海说道：

> 哲学的解释目标常常遭到误解。它的任务是要说明抽象事物是如何从具体事物中突现出来的。如下追问是完全错误的：如何根据一般（universals）构造出具体的特殊事实？答案是，“毫无办法”。……

---

① Bruno Latour, "Reflections on Etienne Souriau's Les différents modes d'existence." in Levi Bryant et al. eds., *The Speculative Turn: Continental Materialism and Realism*, Melbourne: re. press, 2011, p. 312.

② Bruno Latour, *The Pasteurization of France*, trans. Alan Sheridan and John Law, Cambridge: Harvard University Press, 1988, p. 159.

> 换句话说，哲学是对抽象的解释，而不是对具体的解释。[1]

如果哲学的目标是用具体解释抽象，还原主义的、基础主义的思维方式将失去吸引力。能动存在论坚持，必须首先考察具体现象的生成与相互作用过程，然后才能理解实在、精神、物质、社会等抽象实体的起源及意义。这也是"哥白尼式的反革命"主张从中间解释两端的原因所在。它不允许在现象世界之外设定一个超验的世界，在经验之外设定一个自我合法化的先验位置。一切都是内在的，即便是那些看似具有超越性的存在也不过是基于内在性的实践构造。这正是德勒兹所谓的"纯粹内在性"(pure immanence)：

> 内在性并不相关于某物，后者作为一个整体高于所有事物，它也不相关于主体，后者作为行动带来了事物的综合：只有当内在性不再相对于自身之外的某物时，我们才能谈论内在性平面。[2]

相应地，哲学的地位与角色也将发生变化。既然在内在性的生成世界之外既不存在超验世界，也没有康德意义上的先验位置，那么哲学只能屈居内在性之中并参与生成。哲学的任务不是寻找能够据以解释一切杂多的超验实在、本质或理念。这样，能动存在论便与前康德的独断论形而上学画清了界限。另一方面，设定一个先验位置并充当理性法庭的批判哲学思维在能动存在论架构内也是不允许的。这样，作为元科学的科学哲学亦变得不可能。哲学的任务是在

---

① Alfred Whitehead, *Process and Reality*, New York: The Free Press, 1978, p. 23.

② Gilles Deleuze, *Pure Immanence: An Essay on Life*, trans. Anne Boyman, Cambridge: The MIT Press, 2001, p. 27.

参与中描述世界的生成，置身于内在性平面并展示这个平面的流动过程。无怪乎，拉图尔从一开始就把哲学与人类学等同起来。在他看来，人类学的描述方法足以满足哲学的要求，“哲学与田野研究应该在同一个屋檐下开展”。[①] 换一个角度说，如果前康德哲学是超验哲学，康德哲学是先验哲学，那么非康德式的能动存在论就是“经验哲学”(empirical philosophy)。经验哲学一方面反对超验哲学的还原论与独断论，另一方面也反对先验哲学的自我设定与自我合法化。与此同时，它根本不同于经验主义和现象学：前者将现象局限于经验主体的知觉经验，后者则将现象置于先验意识结构中。必须强调，参与性地描述生成不可能是终极的，因为生成总是正在发生，行动者的相互作用永无完结，内在性平面总是处于流动中。哲学既不能用本身并不生成的存在的世界去贬低生成的世界，也不能用先验来规整经验。它应该推动生成，这正是怀特海所说的创造性(creativity)。

最后，让我们回到有关科学的议题上来。能动存在论认为，“自然的分叉”是“错置具体性谬误”的幻觉，主体/客体、自然/社会、物质/精神等二元范畴根本不能作为思考科学的出发点。这样，作为第一哲学的认识论变成了空中楼阁，其可能性条件是不切实际的。接受“哥白尼式的反革命”，将目光转向生成性的现象世界，意味着任何事物都处于纯粹的内在性平面，科学当然也不例外。科学既不是对客观实在的表象，也不是社会建构的。纯粹的实在概念、纯粹的思维概念或社会概念都是抽象，它们非但不能作为科学哲学的出发点，自身反过来有待解释。将科学置于内在性平面，意味着彻底放弃认识论的科学观念，走向存在论的科学观念。

作为一项在世的、能动的实践活动，科学参与着世界的生成，而且自身是生成的产物。什么是科学？它首先是诸行动者相互作用、

---

① Bruno Latour, *The Pasteurization of France*, trans. Alan Sheridan and John Law, Cambridge: Harvard University Press, 1988, Introduction, note 7.

相互联结、相互聚合的实践场。这个动态的实践场具有以下几个特征。第一,它是非二元论的。一方面,对科学实践不能作社会学还原,将其简单地视为社会群体之间的商谈、共识或权力斗争。另一方面,它更不是对客观实在的被动表象。思维/存在、社会/自然之间的先天边界必须打破。第二,它是异质性的。实践场内的能动者既包括科学家,也包括物质的、伦理的、政治的能动者,等等。将科学实践等同于科学家的研究活动是对实践概念的严重误解,物质的、伦理的、社会的、政治的行动者共同决定着特定科学实践的形态。第三,它的边界是开放的。这并不意味着科学没有外部,而是说内部/外部的边界恰恰是实践的构造物,绝非理解实践的起点。必须打破科学/社会、知识/权力的二元结构,将其置于内在性平面上加以重构。第四,知识不再是认识论的主题,对它的阐释应当诉诸能动存在论。因此,拉图尔提倡将知识"祛认识论化并重新存在论化"。[①] 科学知识是实践场的生成产物,是诸行动者相互转译、联结与聚合的结果。要理解知识,必须将上述复杂的过程描述出来。第五,这并不意味着放弃辩护,放弃传统认识论对理由(reason)的追求。正如怀特海所言,"寻找理由总是寻找作为理由之媒介的现实事实(an actual fact)"。[②] 但是,相对主义、普遍主义、怀疑论等认识论问题与能动存在论无关。第六,所谓"客观实在"亦内在于实践场。并不存在外在于科学实践的对象有待表象、有待认识。倘若没有行动者之间的相互作用,便没有实在可言。换言之,实在与建构是同义词,"越建构,越实在"。[③]

在当代科学论中,自觉地远离认识论并转向存在论/形而上学的

---

① Bruno Latour,"A Textbook Case Revisited—Knowledge as a Mode of Existence." in Edward Hackett et al. eds. ,*Handbook of Science and Technology Studies*,Cambridge: The MIT Press,2008,p. 87.

② Alfred Whitehead,*Process and Reality*,New York:The Free Press,1978,p. 40.

③ Bruno Latour,"The Promises of Constructivism."in Don Inde and Evan Selinger, eds. ,*Chasing Technoscience*,Bloomington:Indiana University Press,2003,p. 33.

不乏其人。比如,拉图尔说“我的真正兴趣是形而上学”①,皮克林倡导一种不同于二元论的“生成存在论”(ontology of becoming)②,哈拉维将“赛博格”(cyborg)视为超越自然/文化的存在论“元范畴”(meta-category)③,芭拉德则敦促我们“深入理解科学实践的存在论维度”④。与早期社会建构论不同,他们不约而同地放弃了认识论范式,无论这种认识论是规范的还是社会学的。在他们看来,倘若不进入到存在论层面并对二元论进行彻底的反思与重构,永不可能摆脱相对主义/普遍主义、客观主义/主观主义、科学实在论/社会建构论的两难困境,更无法准确把握现代科学实践的本性。科学哲学的中心任务不再是为知识的合理性、客观性与普遍性辩护,也不是确立一种与之抗衡的“地方性知识”(local knowledge)。毋宁说,它应该转向实践场,追踪场内行动者之间的相互作用、机制与后果。

总结一下。近代之后,科学的观念发生了巨变。知识/意见的等级结构宣告瓦解,以实践和介入为特征的近代科学取代了古典科学,知识的超越性让位于内在性,科学成为现实的科学实践的现实成就。然而,哲学家们并没有严肃对待这种转变,他们力图以新的方式为普遍必然的古典知识理想辩护。这不仅歪曲了科学实践的真实面貌,而且人为制造了新的超越性:主体/客体、科学/政治、自然/文化。肇始于爱丁堡学派的早期科学论在库恩“哲学革命”的基础上突破了规范认识论,对科学实践进行了细致入微的探讨。尽管如此,它对康德主义作了太多的让步。为此,我赞同拉图尔的“哥白尼式的反革命”:

---

① Bruno Latour, "Interview with Bruno Latour." in Don Ihde and Evan Selinger, eds., *Chasing Technoscience* Bloomington: Indiana University Press, 2003, p. 16.

② Andrew Pickering, "New Ontologies." in Andrew Pickering and Keith Guzik, eds., *The Mangle in Practice*, Durham: Duke University Press, 2008, p. 3.

③ Donna Haraway, "Interview with Donna Haraway." in Don Ihde and Evan Selinger, eds., *Chasing Technoscience*, Bloomington: Indiana University Press, 2003, p. 57.

④ Karen Barad, *Meeting the Universe Halfway: Quantum Physics and the Entanglement of Matter and Meaning*, Durham: Duke University Press, 2007, p. 43.

摆脱“自然的分叉”，放弃主观主义与客观主义的两难选择，将哲学的重心转移到作为中间王国的现象世界，重构一种非二元论的、以生成为导向的能动存在论。能动存在论坚持“纯粹内在性”原则，不仅反对希腊以来的超越性观念，而且反对二元论形而上学，并由此取消了认识论之为认识论的可能性前提。这样，认识论的科学观念便让位于存在论的科学观念。

第三章　洞穴政治还是宇宙政治？

在进入政治论题之前，让我们停留片刻厘清一下前面的思路。导论点明了本书的任务：放弃科学/政治的二元结构，以科学实践概念为基础重构科学与政治的关系，进而为科学民主化开辟可能性空间。第一章叙述了当代思想界的实践转向及其主要论题，追溯了实践概念的思想史意义。第二章以科学实践研究为主题，刻画了科学实践研究的发展历程，并提倡以能动存在论为基础重构现有的知识观念和科学形象。这番研究表明，科学既不是社会建构的，也不是有关外部世界的表象。作为一项在世的实践活动，科学首先意指一个处于内在性平面的实践场，有关知识、实在、客观性等概念的阐释均须置于这个作为“地基”的实践场之中。

一些读者或许会失去耐心：这番冗长而抽象的哲学论述与政治学有什么关系？你是不是离题太远了？难道从知识、实践、存在、生成、内在性等范畴能够引申出什么政治结论吗？康德、怀特海、海德格尔、梅洛-庞蒂、德勒兹确实是伟大的哲学家，难道他们也是思想深刻的政治哲学家？在对科学的政治学探究中有必要作如此广泛的哲学引证吗？

我们远离主题是为了更好地切入主题。当前,有关科学的政治学研究通常把目光集中在科学/政府的关系、科学共同体的政治影响力等议题上。毋庸置疑,诸如此类的考察具有重要意义。可是,科学政治学的议题不应当只是"政治中的科学",还应当包括"科学中的政治"。倘若忽略后者,"科学政治学"将很不全面。或许,"科学中的政治"这一提法会遭到许多人的质疑。科学是一项纯粹的求知事业,它的终极目标是真理,本质上是非社会、非政治的;政治是一个权力和利益的竞技场,它充斥着虚伪、谗言和暴力。这是两个互不相关甚至相互排斥的领域。在认识论中讨论政治,无异于与非理性主义为伍。将科学与权力相提并论,不啻强暴真理。因此,谈论"科学中的政治"是引狼入室,甚至原则上是自相矛盾的,就如同讨论"方的圆"或"圆的方"那样不可理喻。

的确如此,但有一个前提——接受柏拉图的知识/意见的二元架构。可是,前面已经指出,柏拉图的两个世界理论并不适用于现代科学。近代之后,科学已不再具有柏拉图意义上的超越性品格,它并非来自天堂,而是现实的科学家的现实成就。作为实践的科学并非置身于超验的"理念世界",它恰恰是"意见世界"的成员和参与者。这样,"理想国"的政治规划就成了问题。从原则上说,内在于意见世界的科学不可能扮演拯救"洞穴人"的角色,它与后者一样也身居洞穴之中。用内在于政治的科学去取消政治,这种做法逻辑上将陷入矛盾。然而,当前大部分科学政治学研究在面对现代科学的时候,有意无意地继承了柏拉图的思想遗产,将科学/政治的二元结构作为反思问题的起点,而不是有待反思的问题本身。这致使人们不愿去面对"科学中的政治"这一更具核心意义的主题。

可是,"科学中的政治"旋即会陷入另一种危险境地。有人会说:既然你否认科学是"知识",那它只能是"意见";既然你否认科学超越于政治,那知识只能是权力;既然在洞穴之外无所谓拯救,那科学家只能是洞穴人。这种非此即彼的选择似乎是不可逃脱的宿命,好像任何时候人们都不得不作出决断：你或者选择理性主义，否则就是非理性主义；你或者选择现代主义，否则就是后现代主义；你或者选择普遍主义，否则就是相对主义。然而，这并不构成真正意义上的选择，科学/政治、真理/权力、知识/意见等二元结构绝不应该作为科学政治学研究的出发点，它们自身反倒有待解释。否认科学具有超验性，绝不意味着知识就此沦为意见，科学家变成洞穴人，真理退缩为权力。我们根本不打算从一个极端走向另一个极端，无意将知识还原为赤裸裸的权力游戏，将实在解构为社会建构。毋宁说，我们的目标是彻底抛弃科学/政治的二元结构，而不是在它内部作无可奈何的选择。

那么，“科学中的政治”究竟意味着什么？通往政治学的入口在哪里？第二章讨论了科学哲学的实践转向及其形而上学基础，即能动实在论。这番叙述表明：科学首先是处于内在性平面的实践活动，是生成运动的参与者。现在，倘若这个生成性的、能动性的相互作用过程本身就是政治的，科学显然便具有政治的向度。而且，与当前大多数科学政治学研究不同，这将带来如下后果：第一，科学与政治并不是两个相互独立的领域，似乎二者之间只存在偶然的、松散的、可有可无的联系；第二，科学内在地具有政治性，科学实践过程同时是一个政治过程；第三，认识论、存在论与政治学是统一的，知识与存在问题同时是政治问题；第四，在对科学进行反思和批判时，政治学视域是不可或缺的。当然，这是后话，有待一步步地展开。

至此，有些读者可能会感到迷茫：你一方面反对将科学还原为政治，将知识还原为权力，似乎它们是迥然不同的范畴，另一方面又主张科学内在地具有政治性，似乎它们是一体的，这难道不是自相矛盾吗？你对政治概念的使用是不是太随意？究竟什么是政治？这些问题提醒我们，在重构科学观念之后，反思政治应该提上议事日程。放弃古典科学观念的同时，不可能原封不动地保留传统的政治概念，因为二者恰恰是在相互参照下被定义的。下面，让我们转向“政治”。

一、洞穴政治与权利政治

何谓政治？这个问题似乎不难回答。在日常生活中，每个人对政治都多少有所了解，一些人甚至还持有一整套政治主张。有些人认为政治是野心家的游戏，与普罗大众无关；有些人认为，政治牵涉到每个人的命运，理应严肃对待；有些人斥责政治是肮脏的、黑暗的；有些人则从黑暗中看到了希望。然而，要给政治下一个明确的定义，实在不是件容易的事。其实，不光是政治，对任何事物下定义都是冒险之举。鉴于此，我依然打算从思想史入手，就像我们处理科学概念那样。

当前，科学政治学在很大程度上接受了流行的政治观念，并以此为基础将注意力放在科学技术与政治结构和政治体制的关系上，比如何种政治体制更有利于科学技术的发展？技术科学实践对既定的政治结构产生了哪些影响？提出了哪些挑战？对于导致伦理争议的研究活动应该如何治理？当科学技术的发展有悖于政治价值时，应该作出怎样的调整？对于这些问题，学者们通常采取两种截然相反的策略：或者将现行的政治机制移植到与科学技术有关的场合（比如发起共识会议），或者反过来把科研活动纳入官方政治架构之中（比如成立技术评估办公室）。但无论采取哪种策略，都“没有打破古老的政治定义，而只是想着如何将科学带入政治”。[1] 换言之，这两种策略都沿袭了古老的政治观念，而正是这种做法遭到了许多人的质疑。譬如，德弗里斯（Gerard de Vries）批评道：

> 迄今为止，STS对“亚政治”（与科学技术有关的政治议

① Bruno Latour, "Turning Around Politics." *Social Studies of Science*, 37(5), 2007, p. 813.

> 题)……进行分析的时候陷入了麻烦。在草率地填补民主理念与亚政治实践的鸿沟时,人们没有回答如下问题:在"亚政治"中什么是政治的?这个概念的外延或范围是什么?STS……到目前为止没有追问上述问题的原因是,它将自己的分析置于现成的政治观念的基础上。[①]

20世纪70年代初,科学论带着激进的锋芒登上学术舞台,它拒不接受主流的科学观,为重构科学形象作了不懈努力,并揭示了科学的情境性、地方性、异质性等。然而,在探讨与科学技术有关的政治议题时,它似乎丧失了批判的锐气。例如,在处理科学与公众关系时,许多研究者诉诸商谈、共识、公众参与等流行的政治策略,而没有反思性地追问这些策略背后的预设是否与新的科学形象相抵触。为此,贾萨诺夫(Sheila Jasanoff)提倡,在对科学技术作了出色的探究之后,STS应该将类似的精神延伸至政治学议题:"必须重新分析——如果可能的话必须变革——治理机制(institutions of governance),因为后者建立在科学独立于政治这一过时的假设之上。"[②]为什么上述假设是过时的?变革的方向又是什么?

再次回到柏拉图。在柏拉图看来,政治隶属于意见世界,是洞穴人的把戏。在政治世界中,没有真善美可言,有的只是欺骗、幻觉、谎言和无知。只有借助于哲学王——知识的追求者和拥有者,这个世界才能得到拯救。在雅典时代,参与政治是一种荣誉,但经柏拉图之手,"荣誉政治"变成了"洞穴政治"。尽管柏拉图的政治观念看起来十分荒唐,但极大地影响了后世的思想走向。这在认识论中表现得

---

① Gerard de Vries,"What is Political in Sub-politics? How Aristotle Might Help STS."*Social Studies of Science*,37(5),2007,pp. 805-806.

② Sheila Jasanoff and Marybeth Martello,"Conclusion: Knowledge and Governance."in Sheila Jasanoff and Marybeth Martello,eds., *Earthly Politics:Local and Global in Environmental Governance*,Cambridge:The MIT Press,2004,p. 338.

最为明显。思想家们认为,知识与政治原则上是相互对立的,知识的纯洁性首先要求它不能掺杂任何政治要素,否则将陷入非理性主义而不能自拔。即便是在常识观念中,政治也经常与压迫、黑暗、无知联系在一起。

近代之后,“洞穴政治”逐渐让位于“权利政治”。17 世纪以来,超越性的古典科学形象被内在性的现代科学所取代。在此背景下,柏拉图的政治设计便陷入了麻烦,用科学去解放政治的方案宣告破产,“洞穴政治”也因此丧失了学理基础,因为它恰恰是在参照超越性科学的前提下被定义的。此时,一种新的政治观念流行开来,时至今日依然主导着政治哲学的大部分讨论。对此,你可以称为“权利政治”或“合法性政治”等。与洞穴政治不同,权利政治的一个核心特征是否认科学能够扮演拯救者的角色。近代人认为,科学与政治是两个截然不同的范畴:前者的核心是知识,后者的核心是权力;前者的对象是自然界,后者的主体是人类共同体。科学是关于自然界的知识,是对事实和规律的客观表述;政治则与自然无关,它首先涉及的是公平、权利、正义等规范性问题,这原则上无法通过科学去解决。由此,科学与政治之间不再具有还原/被还原、奠基/被奠基、拯救/被拯救的关系。无论科学获得了多少真理,无论它对自然界的认识多么精确,都无法有效地解决政治问题。用超政治的科学去解救政治的路线行不通了,政治共同体必须诉诸自身的力量内在性地构建共存之秩序。

权利政治以个体权利作为逻辑起点。与亚里士多德不同,近代思想家认为,政治绝不是人的本质属性。毋宁说,个体逻辑上先于政治共同体而存在。然而,为了能够生存下去,为了过上安全、有尊严的生活,个体必须联合构建起一个秩序良好的共同体。对此,德弗里斯作了形象的概括:

在流行的政治观中,关键议题是政府的合法性;为了解

> 决这个问题，公民被构想成是带有偏好、兴趣、目标和计划的人，类似于古代的君主。所以，人们把公民想象为一群"迷你国王"(mini-king)，把政治构想为迷你国王的共同体。民主制度则对如下重要事实给出了解释：经过集体商谈，一些迷你国王可以获得统治个体的权力；也就是说，他们可以获得权威和统治权。[①]

福柯也作过类似断言："政治理论从未停止过对具有统治权的人的迷恋，这些理论今天依旧执着于统治权问题。"[②]统治权的合法性是权利政治的核心问题。查尔斯·泰勒则把这种强调个体权利优先性的政治传统称作"原子主义"(atomism)。[③] 根据该传统，政治共同体是由作为原子的迷你国王组成的，统治权的合法性来源于原子之间签订的"社会契约"。社会契约论完美地回答了两个核心问题：第一，政治之所以可能的先天条件是什么；第二，什么样的统治方式具备合法性。根据权利政治，统治个体的权力恰恰来自被统治者本人，他律与自律原则上是同一的，民主的正当性由此得到了强有力的辩护。

如今，权利政治观念已经深入人心，并成为广泛的现实。然而，它也遭到了一些人的批评。譬如，社群主义者(communitarianist)从根本上否认个体优先性预设。在他们看来，个体总是处于特定的共同体中，政治进程原则上不能脱离文化传统和社会背景。[④] 在我看来，尽管社群主义的批评十分重要，但权利政治在当代遭遇的如下挑

---

① Gerard de Vries, "What is Political in Sub-politics? How Aristotle Might Help STS." *Social Studies of Science*, 37(5), 2007, p. 791.

② Michel Foucault, *Power/Knowledge*, trans. Colin Gordon, et al., New York: Harvester, 1980, p. 121.

③ Charles Taylor, "Atomism." in *Philosophy and the Human Sciences: Philosophical Paper* 2, Cambridge: Cambridge University Press, 1985, pp. 187-210.

④ 关于自由主义与社群主义之争，参见 Derek Matravers and Jon Pike, eds., *Debates in Contemporary Political Philosophy: An Anthology*, New York: Routledge, 2003, Part 3.

战更加严峻:作为权利政治之存在论前提的自然/社会二元论越来越无法维持下去。现时代,人与人之间有数不清的事物参与其中,科技产品不断地改变着群体内部的结构以及群体间的关系,信息与生物技术左右着人类对世界与自我的感知,环境污染、核废料、垃圾处理、气候变迁等一系列议题不时地涌入政治舞台。所有这一切都对权利政治的存在论前提发起挑战。在当代,人们不再可能抛开相关的物质、技术等条件去谈论政治,更无法将政治人纯化为带有偏好、利益和意志的纯粹主体,因为人与非人(nonhuman)已经史无前例地交织在一起,政治与科学、技术、环境越来越难解难分。如果说权利政治观念因为近代的产业化与技术化水平较低而尚未显现出自身的缺陷,那么当代技术科学的发展已经将其存在论前提远远抛在身后。为此,必须探究"政治的物质性"(materiality of politics)或"政治的材料"(stuff of politics):

> 为什么现在去探究政治的材料?我们应该如何命名这个政治的物质性变成焦点的历史关头?最直接、也许是最自明的回答在于事物极其密切地弥漫于日常生活并塑造着日常生活:从简单工具与食品到小汽车、转基因老鼠、新媒体与药物。在此条件下,或许不再能够设想人是离开人之外的伙伴(more-than-human company)而生存着的生命体或集体,因为这些伙伴现在非常明显地内在于人,集体亦由它们构成。①

面对这一局面,权利政治囿于自身的存在论前提为我们提供了

① Brunce Braun and Sarah Whatmore, "The Stuff of Politics: An Introduction." in Brunce Braun and Sarah Whatmore, eds., *Political Matter: Technoscience, Democracy, and Public Life*, Minneapolis: University of Minnesota Press, 2010, pp. xvi-xvii.

两种应对方式：它“或者将任何非人事物排除在政治领域之外，或者将其归入资源或工具之列，这样它们只能以工具的形式进入政治理论，并不具有构成性力量”。[①] 根据权利政治观念，人先天地具有自主性，事物与人的本质无关。甚至，只有摆脱物的枷锁，人才能够真正获得自由。另一方面，政治涉及利益的分配，科学技术的发展尽管可以有效地增进福利，但与如何分配福利无关。这样，我们就明白了为何主流政治哲学极少涉足科学技术议题。[②] 譬如，在影响深远的《正义论》中，罗尔斯(John Rawls)对科学技术几乎只字未提。在技术科学时代，这样的做法实在令人匪夷所思。然而，这就是政治哲学的现实。

鉴于此，科学政治学探究不应沿袭这种以排斥事物为前提的、人本主义(humanist)的政治观念，而必须“改造政治”。

如何改造？

二、社会契约与自然契约

1992年，法国哲学家米歇尔·塞尔出版了一本薄薄的小册子《自然契约》(*Le Contrat Naturel*)。这本书的主题之一是环境哲学，但塞尔对环境危机的诊断可以为我们反思和改造政治提供重要参照。如今，对环境议题的关注已司空见惯：从普罗大众的街头巷议、国家层面的立法实践到国际组织的环保磋商。为了应对环境危机，学者们做了各式各样的思考，政府与非政府组织发起了无数倡议。那么，环境危机的根源究竟是什么？克服危机的出路又在哪里？塞

① Brunce Braun and Sarah Whatmore, "The Stuff of Politics: An Introduction." in Brunce Braun and Sarah Whatmore, eds., *Political Matter: Technoscience, Democracy, and Public Life*, Minneapolis: University of Minnesota Press, 2010, p. xv.

② Stephen Turner, *Liberal Democracy 3.0*, London: Sage Publications, 2003, pp. 2-5. 在此，特纳简要讨论了政治理论对科学技术的态度。

尔给出了与众不同的回答:环境危机源于“社会契约”,为了克服这场危机应签订一份“自然契约”。[①]

物质污染、技术污染和工业污染是触目惊心的,堆积如山的垃圾、污浊不堪的河流、高耸入云的烟囱能给人带来最直观的感知,触动最原始的情感。但在塞尔看来,这类现象实际上源自更加隐蔽的、不易察觉的第二种污染。[②] 这就是所谓的“文化污染”(cultural pollution)。倘若不对现代文化进行反思和批判,不清除文化污染,环境污染不可能得到彻底清除。那么,现代文化到底出了什么偏差?不妨追溯一下现代文明的起源。现代社会始于何时?对此,历史学家已经无从考证,哲学家却有独到见解。在后者看来,现代文化的历史起点确实不可追溯,但逻辑起点却丝毫不含糊。霍布斯与卢梭给出了经典答案:社会契约。社会契约论者认为,自然状态中的人或者天性善良,或者利欲熏心,但无论如何都是不文明的。文明意味着摆脱自然状态,在人与人之间建立特定的关系,途径是自然人共同签署一份合同即“社会契约”。必须强调,这绝不意味着签署社会契约是真实发生的历史事件,追问签署契约的具体时间地点是荒谬的。这个概念与历史无关,它回答的是“社会何以可能”的先验问题。

社会契约论在近代有着相当广泛的影响,并且经过罗尔斯的努力在当代大有复兴之势。但是,它存在一个严重缺陷:这是一份自相矛盾的合同。按照社会契约论者的初衷,自然人签署契约是为了避免集体毁灭,过上幸福、有尊严的生活。然而,无论这份合同对权利义务以及统治权作了多么完美的规定,都不足以达成上述目标。为什么?因为社会契约遗忘了自然,遗忘了事物,遗忘了世界。不难发现,有资格参与契约制定工作的只有人,自然是缺失的。然而,倘若

① 本节部分内容可参见孟强:《塞尔论自然契约》,《世界哲学》2011年第5期。

② Michel Serres, *The Natural Contract*, trans. Elizabeth MacArthur and William Paulson, Ann Arbor: University of Michigan Press, 1995, p. 31.

没有自然的在场，仅凭纯粹的社会契约去生活，这无异于集体自杀，遑论幸福美好的生活。这种结局比霍布斯"一切人反对一切人"的自然状态更加恐怖。

自然为何没有出现在这份合同中？这与怀特海所说的"自然的分叉"有关。随着近代科学革命的兴起，自然被祛魅、被机械化，沦为纯粹的对象，变成了盲目的、冷冰冰的、僵死的对象之总和，而一切价值、尊严与意义均被纳入主体范畴，人成为万物之灵。"人是目的"——康德的这一伦理学原则集中表达了近代世界观的本质。"哥白尼式的革命"表面上看只不过是纯粹思维领域内的变革，它实际上彻底贯彻了上述原则，精准地体现了近代精神：让世界围绕人旋转，让主体占据宇宙的中心位置。对于这段历史，海德格尔曾精辟地总结道：人成为主体与世界成为图像是同一个过程。[①]

塞尔认为，正是社会契约这一文化污染导致了环境污染。一方面，它确实避免了自然状态下的争斗，为人类步入文明提供了通行证；另一方面，它却挑起了一场新的战争，这场战争不再是"一切人反对一切人"，而是"一切人反对一切非人"。随着时间的推移，科学技术迅猛发展，人类的强力意志空前膨胀，统治自然的能力不断得到提升。但与此同时，我们却不得不面对这种统治关系制造的返身性后果。此时，黑格尔的"主奴辩证法"开始启动：人越来越成为自身"强力意志"的受害者，而自然越来越像主体那样摆布人类。这与贝克(Ulrich Beck)所说的"返身现代化"(reflexive modernization)有几分相似。塞尔认为，这一结局是必然的。现代人错误地以为人类是自然的主人，而实际上它只是自然的寄生虫(parasite)。在他看来，寄生关系是最基本的关系，"不存在没有寄生虫的系统"。[②] 寄生关系本

① 海德格尔：《海德格尔选集》，孙周兴译，上海：上海三联书店，1996年，第902—903页。

② Michel Serres, *The Parasite*, trans. Lawrence Schehr, Baltimore: Johns Hopkins University Press, 1982, p. 12.

质上是单向的,宿主只提供而不索取,寄生虫只索取而不回报。人与自然的关系也不例外:自然养育人类但从不要求回报,人类只向自然索取但从不回报。但是,当人类足够强大,大有吞噬宿主之势时,最终只能是自取灭亡。如何避免这一结局?如何清除"文化污染"?塞尔的回答是:改写社会契约、"回归自然!"

回归自然!这是浪漫主义的口号。自近代科学兴起以后,对科学的浪漫主义批判便不绝如缕。从18世纪的卢梭到20世纪的海德格尔,浪漫主义运动从未停止脚步。在环境伦理学和环境哲学领域,浪漫主义的影响尤其深远,将自然神化、浪漫化和拟人化一度是环保运动的标准范式。然而,塞尔并不是浪漫主义的信徒,"自然母亲(mother nature)并没有出现在我的著作中"。[①] 在他看来,回归自然的真正含义是,"我们必须给唯我独尊的社会契约补上一份共生(symbiosis)与互惠(reciprocity)的自然契约"。[②] 换言之,塞尔力图借助于自然契约去修补社会契约,清除文化污染,进而为克服环境危机寻找出路。

社会契约是人与人之间签订的法律合同,它对个体的权利义务作了规定,进而结束了自然人之间的无序状态。然而,社会契约排斥了自然,将人与自然的关系置于法律框架之外。这不仅剥夺了自然的主体资质,而且默认了人对自然的统治和占用,任凭人对自然施暴而不予追究。正是这样一份契约,让我们陷入上述危机。自然契约力图弥补社会契约的不足,重构人与自然的关系。为了结束人对自然的暴力,必须在二者之间签订一份自然契约,将二者的关系纳入到法律框架之中。正如社会契约终结了"一切人反对一切人"的战争状态,自然契约旨在终结"一切人反对一切非人"的暴力状态。根据自

① Michel Serres,"Interview." *UNESCO Courier*,46(12),1993.

② Michel Serres, *The Natural Contract*, trans. Elizabeth MacArthur and William Paulson,Ann Arbor:University of Michigan Press,1995,p. 38.

然契约，人与自然不再是统治与被统治的关系，“我们与物的关系将摆脱统治与占有，而代之以看护、互惠、沉思和尊重”。[①]

“自然契约”隐含着自然不再是契约的被动接受者，而应当是制定者和当事人。换言之，自然应当享有与人一样的主体资质。在回顾《自然契约》的时候塞尔谈到，这本书特别涉及的问题是“谁有权成为法律主体”。[②] 然而，自然有可能成为主体吗？不解答这个问题，“自然契约”就难以成立。对此，塞尔作了如下论证。如今，针对大气污染、物种消失、温室气体排放等一系列环境事件，出现了一系列法律诉讼和政治制裁。但是，在社会契约框架之下，这些诉讼是不可理解的，因为人对自然的暴力不属于法律规整的范围。只有预设自然作为主体，这些诉讼原则上才是可理解的。“我们目前的行为甚至我们的情感，正在将事物的脆弱性考虑进去，所以它们预设了自然正在缓慢地成为法律主体。”[③]从这个意义上说，塞尔提供的是先验论证(transcendental arguments)：首先肯定保护环境的行为是存在的，而且是不容否认的，然后寻找该事实之所以可能的前提条件，即自然的主体性地位。

塞尔提倡自然契约，固然是想修补社会契约，重构人与自然的关系，为生态危机寻找出路。但从另一个角度看，这不啻为对整个现代哲学的批判性重构。主体/客体、自然/社会、心灵/世界、事实/价值是现代性的基本范畴。然而，这样的思维方式远不能为我们理解现实处境提供指引。如今，凭借覆盖全球的政治、经济、科学和技术之网，人与人以及人与非人被紧密地交织在一起。对此，现代哲学殊难消化。正是出于这样的考虑，塞尔提出了“一般关系理论”(general

---

① Michel Serres, *The Natural Contract*, trans. Elizabeth MacArthur and William Paulson, Ann Arbor: University of Michigan Press, 1995, p. 38.

② Michel Serres, Revisiting the Natural Contract, trans. Anne-Marie Feenberg-Dibon. 参见 http://www.ctheory.net/articles.aspx? id=515.

③ Michel Serres, Revisiting the Natural Contract, trans. Anne-Marie Feenberg-Dibon. 参见 http://www.ctheory.net/articles.aspx? id=515.

theory of relations）或“介词哲学”（philosophy of prepositions）。[①]据考证，“contract”这个词的本意是“联系”（connection）、“绳索”（cord）。这样我们便明白了为何霍布斯和卢梭会把社会契约当作现代社会的逻辑起点。倘若不借助于契约这条无形的绳索将散落的个体串联起来，“社会”是不可想象的。但是，通过社会契约组建起来的“集体”或“共同体”还不够宽泛，它排斥了自然、事物或非人。“自然契约”则力图将绳索延伸至人之外的存在者，将人与自然作为同一个集体的成员。

对于这样的思路，塞尔也称之为“介词哲学”。从希腊开始，思想家们一直力图寻找某个不可还原的终极实体，以此为基础解释一切，这些实体包括上帝、心灵、物质等。但是，塞尔主张“关系先于存在”。[②] 相比于实体，关系更具优先性和基础性。在语言学中，表达事物之间关系的是介词。借助于这个隐喻，塞尔力图抛弃传统哲学对实体的追求，代之以追踪事物之间错综复杂的关系。实体哲学是分析的、还原论的，介词哲学则是综合的、整体论的。介词哲学的中心任务是不懈地追踪事物之间的联系，不管事物之间的距离看起来多么遥远。

应该说，塞尔的自然契约观念确实带有某种程度的浪漫主义色彩，但他对社会契约论的批判为我们重构政治指明了方向。如前所述，权利政治起源于社会契约论传统，它以自然/社会的二元存在论为前提。在此背景下，政治哲学家们的主要论题是如何在人与人之间构建一个理想的政治秩序。对于事物，他们是不予考虑的。或者说，他们默认了事物只是被动的、有待利用的对象。这样的思维方式在当代遭到了严肃挑战。主客体之间的“主奴辩证法”最终使得无数

---

① Michel Serres and Bruno Latour, *Conversations on Science, Culture, and Time*, trans. Roxanne Lapidus, Ann Arbor: University of Michigan Press, 1995, p. 127.

② Michel Serres, “The Science of Relations: An Interview.” *Angelaki* 8(2), 2003, p. 234.

事物涌入政治舞台，迫使人们不得不去严肃对待，并极大地冲击着既定的政治架构。这提示我们，近代政治传统所默认的人/物关系本身已经成为问题，统治与被统治的参照系已经难以应对当代的现实处境。对此，简单重复近代政治话语，以工具主义的态度处理科学技术议题是不能奏效的。必须对政治概念进行改造，方向是抛弃自然/社会的二元论，承认事物的能动性（agency），确认非人存在者的政治主体资质，将其纳入到政治共同体之中。

于是，新的政治观念应该涵盖包括物在内的一切存在者及其互动关系，以二元存在论为前提的"权利政治"将过渡到后二元论的"宇宙政治"（cosmopolitics）。

三、亚里士多德与共同体政治

提起 cosmopolitics，不免让人联想到康德的名篇《世界公民观点之下的普遍历史观念》与《永久和平论》。的确，起源于斯多亚学派的世界公民思想，因为康德的经典论述而在启蒙时代恢复了生机，康德也因此成为当代世界主义（cosmopolitanism）的核心参照。[①] 从辞源上看，cosmopolitan（weltbürgerlich）来自希腊词 kosmos（宇宙）和 polis（城邦），它的字面含义是"世界公民"，其对立面则是隶属于某一特定种族、宗教或文化的居民。世界主义是一种源远流长的思想传统，法因（Robert Fine）和科恩（Robin Cohen）将世界主义的发展史分为四个阶段：古希腊的斯多亚学派（以芝诺为代表）、启蒙运动时期（以康德为代表）、二战之后的后集权主义时期（以阿伦特为代表）以

① Cosmopolitanism 的字面意义很清楚，但在中文语境中却很难找到贴切的表述。何兆武先生在康德的《历史理性批判文集》中将 cosmopolitan 译作"世界公民"是很合适的，但 cosmopolitanism 若译作"世界公民主义"则略显烦琐。为此，本书参照《世界主义的观点》中译本，将 cosmopolitanism 统一译为"世界主义"，尽管该译法没有体现出 polis 的意义。参见康德：《历史理性批判文集》，何兆武译，北京：商务印书馆，1990 年；贝克：《世界主义的观点：战争即和平》，杨祖群译，上海：华东师范大学出版社，2008 年。

及世界主义的当代复苏。[①]

然而,这里想重点讨论的"宇宙政治学"(cosmopolitics)与"世界主义"有着截然不同的谱系、旨趣和目标,尽管二者在字面意义上很类似。[②] "宇宙政治学"来自比利时哲学家斯唐热,1997年她出版了七卷本的系列著作《宇宙政治学》。关于这个词的缘起,斯唐热本人回忆道:

> 在这种情况下,我很有可能被告知,我不应使用康德式的术语。不正是康德恢复了世界主义这个古老的论题吗?它的目标是某种政治规划,在康德那里则是"永久和平"规划……对此,我必须认错。1996年撰写七卷本《宇宙政治学》第一卷时,我并未意识到康德的用法;可以这么说,是这个词本身迫使我去用它的。因此,我想强调,这里提出的宇宙政治学草案(cosmopolitical proposal)明确否认与康德或古代的世界主义存在任何关系。[③]

什么是"宇宙政治学"?斯唐热为何采用这个颇显怪异的词汇表达自己的政治观念?让我们再次回到古希腊。这一次,为我们提供灵感的不是柏拉图的《理想国》,而是亚里士多德的《政治学》。读者或许记得,本书开篇援引了亚里士多德的一句名言:"人天生是一种政治动物,一个出于本性而不是由于偶然而不属于某一个城邦的人,

---

① Robert Fine and Robin Cohen,"Four cosmopolitan moments."in Steven Vertovec and Robin Cohen, eds., *Conceiving Cosmopolitanism: Theory, Context and Practice*, Oxford: Oxford University Press, 2002, pp. 137-162.

② 我们权且按照字面含义将cosmopolitics译作"宇宙政治学"。这种译法体现了它与世界主义的差异,但未能反映出二者在词源学上的关联。

③ Isabelle Stengers,"The Cosmopolitical Proposal."in Bruno Latour and Peter Weibel, eds., *Making Things Public: Atmospheres of Democracy*, Cambridge: The MIT Press, 2005, p. 994.

他不是一个恶人,便是一位超人。"在亚里士多德看来,人在本性上是政治的,任何人都要在城邦中生活。从时间上看,个体固然先于城邦。倘若没有个体,显然不会有个体的集合即共同体。但是,从本性(nature)上看,共同体却先于个人,人之为人恰恰是在共同体内造就的:

> 很显然,城邦自然地先于个人,一个孤立的人,就不再是自足的,所以他要和其他部分一样与整体相关联。如果有人不能过共同生活,或者由于自足,而不需要成为城邦的一部分,那么,他不是一只野兽,就是一尊神。①

按照亚里士多德的理解,政治之为政治在于公共性。人只有参与政治、置身于共同体之中,才能够成为真正意义上的人。什么是公民?一个人成为共同体的成员,这既不是因为他恰好居住在某个城邦之内,也不是因为他的父母具有公民身份,"凡是有资格参与城邦的议事和审判事物的人都可以被称为该城邦的公民"。② 因此,公民概念的核心在于参与城邦公共生活。

从这个角度看,近代社会契约论传统及其权利政治概念是本末倒置的。根据亚里士多德的看法,政治共同体远不是处于自然状态中的人通过签订社会契约组建起来的,似乎政治只是人的偶然属性,似乎它只是派生的、第二位的。相反,只有首先设定政治共同体,权利概念才是可理解的。对此,阿伦特后来做了更加细致的发挥,这尤其表现在她的"公共领域"概念中。

亚里士多德的"共同体政治"与柏拉图的"洞穴政治"有着原则性

---

① 苗力田主编:《古希腊哲学》,北京:中国人民大学出版社,1989 年,第 578 页。

② 亚里士多德:《政治学》,载苗力田主编:《亚里士多德全集》(第九卷),北京:中国人民大学出版社,1994 年,1275b15—20。

区别。在柏拉图那里,哲学王的政治合法性奠基于知识合理性,而后者恰恰是超政治的。这样,政治时刻面临着科学的威胁,随时都有可能被真理消解,黑暗的洞穴随时有可能被太阳照亮。亚里士多德认为,柏拉图的这一做法违背了共同体政治的内在性原则。统治者的政治合法性不应基于任何政治之外的根据,它应该以政治本身为参照:

> 因此,人们认为统治者并不比被统治者具有更正当的权利,所以应该由大家轮流统治和被统治。由此便涉及法律,因为一种制度或安排就已经属于法律范围了,所以法治比任何一位公民的统治更为可取。根据同样的道理,即使由个人来统治更好,也应该使其成为法律的捍卫者和监护者。[①]

依照法律进行统治,这意味着统治者应该在共同体内部寻找合法性根据,政治只能以自身为参照,共同体秩序的构建不能仰仗任何超政治的力量,比如上帝、暴力或者真理。

正是这种内在性的政治概念导致亚里士多德对至善作了独特的解释。与柏拉图一样,亚里士多德认为城邦的目标是至善。然而,对于至善的理解,师徒二人相去甚远。[②] 在柏拉图看来,善的理念外在于政治,它是科学的对象,属于知识范畴。另一方面,它又为建立理想的政治制度提供了蓝图和纲领,构成了政治生活的终极目标和理想。对于亚里士多德来说,这样的思维方式是不可接受的。众所周知,他曾经对实践和创制作过经典区分:实践以自身为目的,创制活

---

① 亚里士多德:《政治学》,载苗力田主编:《亚里士多德全集》(第九卷),北京:中国人民大学出版社,1994 年,1287a15—25。

② 有关柏拉图与亚里士多德政治思想的师承关系,参见萨拜因:《政治学说史》,盛葵阳等译,北京:商务印书馆,1986 年,第 6 章。

动的目标则是外在的。政治属于实践范畴，这意味着政治实践的目的内在于实践本身。倘若政治是为了追求自身之外的至善理念，它将无法与创制区别开来。可见，至善不是有待实现的超越理念，它内在于政治实践，是通过政治实践构成并呈现出来的。对此，德弗里斯解释道：

> "至善"既不是有待实现的理想，也不是步入政治舞台的人们头脑中的一组偏好。它是政治实践所呈现的东西，是城邦中流通的东西——城邦是具有适当建制的多数人的联合。"至善"对于政治来说就如同实验科学的对象(object)：它既不是心灵中的东西，也不是任何外在的、有待发现和描述的东西，而是被构成和被呈现的东西，是在满足特定条件的实践内部流通的东西。[①]

概而言之，亚里士多德提出的共同体政治既不同于柏拉图的洞穴政治，也不同于近代以来的权利政治。可以说，这是一种纯粹内在性的政治概念：政治只能自我参照，而不能诉诸任何超政治的力量。一方面，政治对于共同体成员而言并不是可有可无的属性，人是天生的政治动物。这原则上区别于近代原子主义政治传统，公共性比私人性更具优先性。另一方面，它拒绝了一切妄图拯救政治的超验力量。政治共同体只能诉诸自身的力量内在性地构造理想的政治秩序，暴力、强权或战争等均不足以作为政治的指导原则。所谓政治，就是内在性地、参与性地构造公共秩序的努力。如今，至善、德性等古典概念早已失去吸引力，希腊时代小国寡民式的城邦早已分崩离析，但内在性的政治观念是亚里士多德为我们留下的宝贵思想遗产。

---

① Gerard de Vries, "What is Political in Sub-politics? How Aristotle Might Help STS." *Social Studies of Science*, 37(5), 2007, p. 794.

四、斯唐热论宇宙政治

然而,亚里士多德的内在性政治依然不够内在,它排斥了那些原本属于政治范畴的活动。这恰恰归咎于亚里士多德对实践和创制的经典区分。在他看来,创制活动为政治共同体提供了必要条件。城邦的存在需要粮食、疆土、财产、建筑等物质条件,也需要农民、技师、工匠和雇工等为其服务。但是,所有这一切并不是城邦的构成部分。对此,亚里士多德解释道:

> 同其他自然结合体一样,那些没有它们整体就不能存在的成分不一定就是结合体整体的部分,故显然那些组成城邦的必要成分不一定就是该城邦的部分,并且其他社会共同体与它们赖以构成一个种的成分也有同样的关系。[①]

对此,斯唐热在《现代科学的发明》中提出异议。在她看来,现代科学显然对应于亚里士多德的创制范畴,因为它的德性不是实践智慧,而是 techne 或能知(know-how):科学家在实验室中创造各种各样的实验事实,并做出一系列相关的理论表述。然而,这并不意味着现代科学与政治无缘,因为它通过发明事实和理论而提出了有关共同体的秩序问题,并改变着公共生活和公共世界的结构。《现代科学的发明》这样写道:

> 无论从哪个角度看,实验室都是创制的场所。这是一个制造"事实"的场所。事实的功能是制造历史,构建目的

① 亚里士多德:《政治学》,载苗力田主编:《亚里士多德全集》(第九卷),北京:中国人民大学出版社,1994 年,1328a20—30。

> （表述事实的命题）和手段（实验设备）的统一性。但是，它也是实践的场所，因为该“事实”不是目的；正如认识论者所说的那样，它开创了“研究纲领”——具体一点说，它被提交给其他作者，并且它提出了与这些作者“共存”的新模式。[1]

这触及到了问题的核心。现代政治观念以自然/社会的二元存在论为前提。在思想家们看来，政治只关乎人类共同体，其核心问题是我们如何与他人相处，即如何构建共同体成员之间的共存方式。对于事物，政治哲学家们是不予考虑的，这属于现代科学和技术的职责范围。科学的研究对象是事物，科学家们通过实验室对事物进行操作，并提出相应的理论表述。由此，真理/政治、知识/权力被严格划分开来。人们无权追问政治的真理性，更无权追问科学的政治性。然而，斯唐热告诉我们，这样的思维方式从一开始就是误入歧途的。事实上，科学通过制造事实和真理而提出了“如何共存”这一政治学课题。每一个实验事实的确立，每一项真理的生成，无不推动着公共生活的重组与公共秩序的重构。从这个角度看，柏拉图的真理/政治设计本身应该视为一种特殊的政治安排。真理/政治的二元结构本身恰恰内在于政治，只不过它以互斥的方式分别对真理和政治概念进行了界定，进而规定了一种特殊的共同体秩序。这样看来，真理并非超越政治，它恰恰内在于一种特殊的政治规划；创制并非区别于实践，它是一种独特的实践。因此，我们可以得出如下结论：创制不仅仅是城邦的必要条件，它隶属于城邦，基于实践与创制的区分而将创制排斥在政治之外，这样做有欠妥当。当代，科学技术通过制造真理与事实而推动着公共秩序的重构，改变着自我与他者之间的共存模式。这迫切要求我们对这一现象进行政治学反思。然而，传统的政

---

[1] Isabelle Stengers, *The Invention of Modern Science*, trans. Daniel Smith, Minneapolis: University of Minnesota Press, 2000, p. 93.

治概念却阻止我们这样做，并对科学技术进行工具主义阐释，似乎它们与政治无关。拓展亚里士多德的共同体政治概念，承认创制活动的政治属性，正是为反思科学技术的政治属性提供学理根据。

看来有必要扩充亚里士多德的共同体政治，彻底贯彻德勒兹的"纯粹内在性"原则，将"共同体政治"改造为"宇宙政治"。什么是宇宙政治？Cosmopolitics 这个词看起来十分怪异，斯唐热作了如下解释：

> 这个词代表着建构问题的途径——关于(再)发明政治的问题，它还表示使得这一途径分叉的未知之物(the unknown)。保留建构(construction)的"政治"属性意味着我别无选择，我们别无选择。任何命题，无论看起来多么乌托邦，如果是我们传统的一部分，都源自与该传统有关的发明资源。但是，这些资源并没有把我们变成"天使"，对于地球上任何居民都有效的乌托邦的作者……前缀"cosmos"意味着不可能调用或表征"人之人性"(what is human in man)，而且不应该与我们所说的 universal 相混淆……这个前缀呈现出未知之物并有助于与之共鸣，未知之物影响着我们的问题，这些问题是我们的政治传统冒着极大风险予以否认的。这样，我要说，作为"cosmopolitics"这个词的一个成分，cosmos 并不对应于任何条件，没有确立任何要求。它提出了可能的非等级式共存模式问题。[①]

在这段引文中，斯唐热表达了两层意思。第一，共存问题自古以来便处于政治学的核心，我们的思考不应该也不可能离开这一悠久

① Isabelle Stengers, *Cosmopolitics II*, trans. Robert Bononno, Minneapolis: University of Minnesota Press, 2011, pp. 355-356.

的思想传统。从这个意义上说，应当保留 politics。第二，尽管如此，以往的政治学忽略或掩盖了一些原本应该严肃对待的议题，所以必须重新发明（reinvent）政治，使之能够应对和处理这些议题，前缀 cosmos 即表达了这一旨趣。

对于这个词，让人难以琢磨的不是 politics 而是 cosmos。在希腊文中，kosmos 的一般含义是秩序（order）或安排（arrangement），后来人们有时用它来称呼世界本身。[①] 斯唐热认为，宇宙政治学中的“宇宙”概念既不是指作为科学对象的世界，更与古代的思辨宇宙概念（比如和谐的有机体）无关：

> 因此，必须把宇宙与特定传统所构想的任何特定宇宙或世界区分开来。它并不指称一个意图囊括上述一切的规划……在宇宙政治学这个词中，宇宙指的是由所有这些多样的、迥然不同的世界所构成的未知之物，以及这些世界最终能够给出的阐明（articulations）。[②]

“宇宙”并不是指一个预先给定的世界，一个有待发现、有待认识的对象总和。毋宁说，宇宙是有待完成、有待建构的。给“政治学”加上“宇宙”这个前缀，意味着我们不能先天地将政治限定在人类共同体的范围内，而必须“开放政治”使之能够容纳看似非政治的存在物。然而，这些存在物究竟是什么？它们何时闯入政治？以什么方式闯入？对此，你无法先天地给出答案，这就是所谓的“未知之物”（the unknown）。在斯唐热看来，“宇宙”所指的恰恰是这类未知之物，它

① Donald Borchert, *Encyclopedia of Philosophy*, Detroit: Macmillan Reference, vol. 2, 2006, pp. 570-571.

② Isabelle Stengers, "The Cosmopolitical Proposal." in Bruno Latour and Peter Weibel, eds., *Making Things Public: Atmospheres of Democracy*, Cambridge: The MIT Press, 2005, p. 995.

原则上包括我们可能遭遇的一切。这种遭遇之所以是政治的,是因为未知之物随时有可能提出新的共存模式问题,要求对原有的公共秩序进行重组。宇宙政治学是对既定政治观念的改造,它力图打破自然/社会的二元结构,向一切事物开放,并允许未知之物提出"如何共存"这一根本的政治学问题。因此,斯唐热总结道,"宇宙政治学无处不在,尽管并非一切都是宇宙政治学的"。[1] 下面,让我们更加具体地阐述一下宇宙政治学的主旨。

第一,宇宙政治学承认这个世界是多元的。任何实践、任何活动都必定遭遇他者。对此,拉图尔曾借用詹姆斯(William James)的"多元宇宙"(pluriverse)来加以表述。多元宇宙的秩序即自我与他者如何共存,这是宇宙政治学所要思考的首要问题。第二,究竟会遭遇到什么,我们无法先天地给出答案。这就是斯唐热所说的"未知之物"。不能先天地预先设定一个框架,然后将所遭遇到的他者和陌生之物强行纳入其中。比如,将任何抵抗科学的人纳入到非理性范畴,或者将现代性的他者纳入到传统范畴。第三,应该采取不可知论立场。斯唐热提出,"宇宙政治学问题是不可知论的,是的,但却是积极的不可知论"。[2] 所谓不可知论,意味着我们既不应该相信真理,也不应该相信谬误;既不应该相信现代性,也不应该相信前现代性。不可知论是对一切超越性范畴和理念的拒绝。退一步说,即便你坚持诸如此类的超越性,它们也不过是一种特殊的内在性。第四,"积极的不可知论"是指,在放弃超越性之后必须内在性地、参与性地建构新的共存方式,必须时刻准备好遭遇未知之物。除此之外,我们别无选择。第五,这要求我们保持开放的姿态。斯唐热喜欢援引克伦威尔的一句话:"想一想你可能是错的。"(Bethink that you may be mistaken.)

---

① Isabelle Stengers, *Cosmopolitics II*, trans. Robert Bononno, Minneapolis: University of Minnesota Press, 2011, p. 370。

② Isabelle Stengers, *Cosmopolitics I*, trans. Robert Bononno, Minneapolis: University of Minnesota Press, 2010, p. 82.

真理和确定性的姿态总是力图将一切他者置于谬误和意见的范畴之中。倾听克伦威尔的呼声则将我们置身于不确定的、犹豫的处境，这是能够与他者相处的前提条件。第六，这样，真理的暴政便让位于和平外交。真理与暴力形影不离。只要有人宣称掌握真理，必然有人充当真理的牺牲品。斯唐热略带幽默地说，“烈士与真理情同手足”。[①] 宇宙政治学主张放弃知识/意见，远离真理的暴政，并学习外交艺术（the art of diplomacy）：

> 外交艺术并不参照善良意志、团结（togetherness）、公共语言的分享或主体间理解。它也不是头脑灵活的人之间的协商，这些人会随时准备适应情况的变化。它是一种做出刻意安排的艺术，这种安排展示的不是某个深层真理，而恰恰是其成就本身。这是对手之间的阐明事件（the event of an articulation）——他们在冲突看似占上风的情境中受制于不同的连结（attachments）和责任。这是一种块茎式事件（rhizomatic event），没有什么根据（ground）可以为其辩护，没有什么理想可将其演绎出来。[②]

概而言之，宇宙政治学是一个彻底内在性的概念，它反对一切超越性，比如知识/意见、自然/社会、科学/政治。宇宙政治学关注的核心问题是，在放弃超越性之后如何处理不同实践之间的共存关系，如何积极地、内在性地构建公共世界的秩序。它之所以是政治的，是因为它首要地关心共存问题；它之所以是宇宙的，是因为它原则上接纳

---

① Isabelle Stengers, *The Invention of Modern Science*, trans. Daniel Smith, Minneapolis: University of Minnesota Press, 2000, p. 14.

② Isabelle Stengers, "Including Nonhuman into Political Theory." in eds., Brunce Braun and Sarah Whatmore, *Political Matter: Technoscience, Democracy, and Public Life*, Minneapolis: University of Minnesota Press, 2010, p. 29.

一切事物，包括那些看似非政治的事物。对于斯唐热的宇宙政治学，拉图尔的总结十分精辟：

> 宇宙政治学中宇宙的在场拒绝政治的如下倾向，即政治意味着排他性的人类俱乐部内的相互妥协。宇宙政治学中政治的在场拒绝宇宙的如下倾向，即宇宙意味着必须予以考虑的有限的存在物集合。宇宙可以防止政治的过早封闭，政治可以防止宇宙的过早封闭。[①]

如果宇宙政治学无所不包，它必然包含非人（nonhuman），而后者恰恰是主流政治哲学所极力排斥的。塞尔的自然契约概念告诉我们，事物应当参与契约的签署。显然，这并不是说我们可以与原子或电子达成共识，它们既不会说话也不会写字。自然契约的意思是，我们必须承认人与非人之间的连结，而不是将其无情地斩断：将人主体化，将非人客体化。为了理解政治主体，应当考察他所在的无数异质性连结，“重要的不是他们的自由意见，而是什么东西促使他们去思考和反对”。[②] 政治主体绝不是那些摆脱了此类连结、拥有自由意志的人类共同体。非人对于政治而言具有不容忽视的构成性作用，绝不仅仅是政治的工具。宇宙政治学成员不是摆脱了各种连结的纯粹主体，而是那些建构着事物并为事物所建构的具体的、特殊的群体。参与政治游戏的不光是人，而且包括对人具有建构作用的一切事物：电子、上帝、幽灵等所有可能的一切，或者称之为“宇宙”。从这个意义上说，宇宙政治学是后人类主义的（posthumanist）、后二元论的，

---

① Bruno Latour, “Whose Cosmos, Which Cosmopolitics?” *Common Knowledge*, 10(3), 2004, p. 454.

② Isabelle Stengers, “Including Nonhuman into Political Theory.” in Brunce Braun and Sarah Whatmore, eds., *Political Matter: Technoscience, Democracy, and Public Life*, Minneapolis: University of Minnesota Press, 2010, p. 5.

既不同于“洞穴政治”，也区别于“权利政治”。

回到科学政治学议题上来。知识/权力、科学/政治长期以来势不两立。在此背景下，科学政治学变成了自相矛盾的词汇，你无法对非政治甚至反政治的科学作政治学考察。即便科学论重构了科学的形象，在涉及政治议题的时候依然默认了流行的政治观念。为此，继第二章重构科学之后，本章致力于改造政治。在我看来，只有同时对科学与政治进行重构，才有望彻底摆脱希腊以来的科学/政治结构，为科学政治学研究扫清障碍。

从洞穴政治到宇宙政治，我们其实选择了一条从超越性到内在性的道路。根据宇宙政治学，政治既不是洞穴人的把戏，也不是自然人签署契约的产物。它首先涉及共同体的秩序和结构问题，涉及异质性存在之间的非等级的共存问题。当然，这里所说的共同体不是人与人的联合，而是涵盖一切可能的能动存在者，包括人与非人之间的多样性连结。换个角度看，宇宙政治学所指称的恰恰是第二章所说的内在性平面的运动过程，不同实践之间的相互作用和相互构造过程。宇宙政治学的内在性与能动存在论的内在性是同一种内在性。

作为实践的科学恰恰处于这个平面中，它参与着内在性平面的流动，同时又是流动的结果。从这个意义上说，科学是政治的。请不要误解，这绝不意味着真理是政治权力的构造物。宣称科学是政治的，这旨在强调科学在实践中提出了重组公共秩序的要求，提出了共存方式问题，并推动着公共世界的构成。这一新的政治学概念为我们从政治学角度反思科学技术提供了理论可能性。这样看来，本章开篇提到的“科学中的政治”(politics in science)并不严谨。毋宁说，科学政治学的正当主题是“宇宙政治中的科学”(science in cosmopolitics)。

第四章 知识、权力与政治

经过前面的努力，一条通往科学政治学的新道路逐渐浮现在我们面前。一方面，作为实践的科学处于流动的内在性平面，它参与着公共世界的动态构成；另一方面，公共世界的秩序及其结构本身乃是政治学的核心议题，这是不同于洞穴政治或权利政治的“宇宙政治”——纯粹内在性的政治观念。于是，“宇宙政治中的科学”将取代“政治中的科学”和“科学中的政治”成为我们的指导方针。根据宇宙政治学，科学与政治不是两个截然不同的领域。毋宁说，科学通过其独特的实践活动提出了宇宙政治学问题，即不同存在者之间如何共存。正是从这个意义上，可以宣称科学内在于政治，科学实践场同时是宇宙政治场。

不难想象，这一立场将招致许多人的不满与误解。根据传统，知识之为知识恰恰要远离政治。因此，哲学家们在认识论研究中极力避免触碰政治学。另一方面，科学的研究对象显然是外在于政治的。无论政治如何变幻，历史如何演进，实在之为实在是客观的、独立的。你既不应谈论知识政治学（politics of knowledge）——除非你是疯狂的后现代主义者，也不应谈论事物政治学（politics of things）——除非你是不可救药的唯心主义者。既然我们已经同时改造了科学和政治观念，抛弃了根深蒂固的"现代宪法"，那么理应该破除这类学术禁忌。在反思科学的过程中，政治学视域将是不可或缺的。

"宇宙政治中的科学"将涉及一系列重要议题，本书无法面面俱到。接下来，我打算就两个议题展开探讨：知识与实在。这样的选择并不是随意的，而是对20世纪科学哲学的呼应。长久以来，认识论是科学哲学家的中心话题。人们认为，科学之为科学在知识的独特性：科学是超情境的、普遍有效的知识，因此必然超越政治情境。另一方面，将科学的研究对象视为独立于人而存在的客观实在，这一实在论立场进一步拉开了科学与政治的距离。实在与主体分属两个不同的存在论范畴，任何混淆都是不允许的。这幅影响深远的认识论和存在论图像加剧了人们对"宇宙政治中的科学"的疑虑。选择知识和实在作为研究课题，正是要对这一境况做出回应。这包含两个方面：消极的一面是想说明，为什么上述认识论和存在论图像是不恰当的；积极的一面是力图确立认识论、存在论与政治学的统一性。我希望，这番认识论和存在论探究可以为科学民主化构想进一步扫清障碍。本章的主题是"知识"，"实在"则留给下一章。

一、重谈福柯：权力与形而上学

谈及知识政治学，不应忘记福柯的创造性贡献，尽管他的著作激起了无数争议，尽管他几乎没有涉足自然科学。在我看来，福柯有两项工作呈现出特殊的意义：第一，他改变了传统的政治观念，为微观政治学开辟了可能性空间；第二，他以看似激进的方式将知识与权力联系起来，确立了认识论与政治学的内在相关性。微观政治学使得人们改变了以统治权为核心的政治形象，大大拓展了政治学论域，这与宇宙政治学有异曲同工之妙。"权力/知识"则将政治学引入认识论，改变了正统的知识观念以及认识论的探究方式。

在福柯看来，主流政治学的核心主题是统治权，统治权的合法性始终是哲学家们关注的焦点。从历史上看，围绕统治权的政治理论扮演了四种角色：

> 首先，它被用来指称一种权力机制，在封建君主制下，这种机制是有效的。其次，它是构建大规模君主制统治的工具，甚至为这种建构辩护。再次，16世纪，尤其是17世纪以来，统治权理论业已成为一件武器……限制或者强化皇权。最后，在18世纪……它专心于构造另一种模型，即议会民主制模型，以对抗支配性的、独裁的绝对君主制。①

将中心化的统治权作为政治学研究的主线，这尽管必要，但不充分。更有甚者，这种做法无意间掩盖了现代世界的政治本性。福柯坚称，权力、强制、规训、斗争不仅存在于国家以及国际关系等宏观层面，而且遍及现代世界的各个角落。学校、监狱、工厂、医院、军队等部门无不是权力的场所和政治的舞台。权力已经渗透到社会的每一根毛细血管，任何日常的、微不足道的实践都不可避免地包含权力的流动。对此，传统的政治概念并未严肃对待。更进一步，倘若不理解微观权力，就无法准确把握宏观统治权的特性与机制，因为统治权的实施本身需要以微观权力为媒介，甚至它只是微观权力的效果。鉴于此，福柯对政治概念进行了大胆的改造：

> 政治理论从未停止过对具有统治权的人的迷恋。这些理论今天依旧执着于统治权问题。然而，我们需要的政治理论，既不围绕统治权问题，也不因此围绕法律和禁止问

① Michel Foucault, *Power/Knowledge*, trans. Colin Gordon et al., New York: Pantheon, 1980, p. 103.

题。我们需要砍掉国王的脑袋：在政治理论中，这仍然有待完成。[①]

“砍掉国王的脑袋”——这之所以可行，在于福柯持有一种独特的、让人难以琢磨的权力概念。通常，人们将权力视为一种可以追逐、占有或转让的东西。所谓权力欲，往往意味着对权力的追求、占有和享用。对于这样的观点，福柯称之为“经济主义”：“在古典的、法制的理论中，权力被视为权利，我们可以像商品一样拥有它，我们也可以把它的部分或整体进行移交和转让，通过确认权利的合法程序，例如签订合同。”[②]相比之下，福柯的权力概念显得极为独特：

不要认为权力是这样一种现象，即某个人对其他人稳固的、霸权式的控制，或者一个群体、阶级对另一个群体、阶级的类似控制。相反，应该时刻牢记，如果我们不是隔岸看花的话，借助于权力并不能区分那些独自占有和保持权力的人，以及那些无权并屈从于权力的人。必须将权力分析为流通的东西，或分析为只以链锁的形式运作的东西。它从不停留在这里或那里，从不在任何人手中，从不用作商品或财富。权力是通过网状组织来使用和实施的。个体不仅在权力的线索中流动；而且，他们总是同时遭受权力和实施权力。他们不仅是权力的被动目标或迎合目标；而且，他们总是表现为权力的要素。[③]

---

① Michel Foucault, *Power/Knowledge*, trans. Colin Gordon et al., New York: Pantheon, 1980, p. 121.

② 福柯：《权力的眼睛》，严锋译，上海：上海人民出版社，1997 年，第 223 页。

③ Michel Foucault, *Power/Knowledge*, trans. Colin Gordon et al., New York: Pantheon, 1980, p. 98.

这种时刻处于流动状态的、不为任何人所占有的权力(pouvoir)与通常所谓的政治权力或暴力截然不同。权力首先是一种力量关系,是多种力量之间的对比、配置、捕获、分解和整合过程。在《求知意志》中,福柯从几个方面对权力进行了刻画。第一,权力不是用来获得的、取得的或分享的。它从各个角度在各种关系中运作。第二,权力关系并不外在于其他关系,比如经济关系、认识关系或性关系,它渗透其中。第三,权力关系并非只有简单的禁止和压制作用。相反,它具有生产性。第四,权力来自下层并在日常机构中形成和运作,它极大地支撑着宏观社会的机制和结构。第五,权力关系既是意向性的,又是非主观的。如果没有一系列的对象和目标,就不会有权力的运作。但是,它又不为任何人和任何机构所掌控。最后,哪里有权力,哪里就有抵抗,并且抵抗并不外在于权力。①

然而,这番对权力的描述依然不能消除误解。人们往往对福柯的权力概念作简单化处理,将其等同于人与人之间的控制、改造、斗争或反抗关系。据说,无所不在的权力破坏了知识和真理的纯洁性,使得客观性、中立性和普遍主义名誉扫地,并将真理解构为赤裸裸的控制与反控制的战场。于是,福柯被推举为后现代主义的急先锋。譬如,在哈贝马斯看来,福柯抛弃了启蒙理性,继承了尼采对现代性的批判精神。② 这种解读并非空穴来风,福柯本人的确表现出了上述倾向,比如在《主体与权力》一文中他说道:

> 就这种权力而言,首先必须将它与这样的东西区分开来,即施行于物并提供修改、应用、消耗或毁灭事物之能力的东西——这种权力直接源自身体所固有的资质(aptitudes)或者以外界工具为媒介的资质。让我们说,这

① 福柯:《性经验史》,佘碧平译,上海:上海人民出版社,2000 年,第 68—69 页。

② 哈贝马斯:《现代性的哲学话语》,曹卫东等译,南京:译林出版社,2004 年,第 113 页。

> 里涉及的是"能力"(capacity)问题。另一方面,我们所分析的那种权力的特征是,它调动了个体间(或群体间)的关系。让我们不要自欺欺人;如果我们谈到权力的结构或机制,这只是针对如下情况而言:我们假设特定的人对他人施加权力。"权力"这个词所指的是同伴之间的关系。[①]

将权力视为人与人之间的关系,这意味着权力理论首先是社会学的。于是,将福柯的理论社会学化或政治学化成为学术界的标准做法。然而,这样的解读是不妥当的。在我看来,权力首先是形而上学的,其次才是政治学的。对此,我想从几个方面加以说明。

第一,众所周知,福柯的权力概念在很大程度上来源于尼采。在尼采那里,权力意志根本不是指某个人的权力欲,而是对存在的本质规定:存在就是权力意志。世界是一个动态的生成过程,权力意志则为永恒的生成提供了可能性条件。对尼采而言,权力首先是存在论或形而上学的,它牵涉到对存在的规定和对生成的刻画。福柯继承了尼采精神,将权力看作是非主观化的、流动的、无所不在的、生产性的。从起源上说,这一概念带有强烈的形而上学色彩。所以,福柯宣称自己的权力理论并不想去指责"权力的形而上学或存在论是荒唐的"。[②]

第二,福柯切入"权力形而上学"的方式是经验的,即描述有关权力的"如何"(how)或者"发生了什么"(what happens)。权力并不具有先天的本质,权力的实施和运作更不是本质的外化或表现。"实体

---

① Michel Foucault, "Subject and Power." in Hubert Dreyfus and Paul Rabinow, eds., *Michel Foucault: Beyond Structuralism and Hermeneutics*, Chicago: University of Chicago Press, 1983, p. 217.

② Michel Foucault, "Subject and Power." in Hubert Dreyfus and Paul Rabinow, eds., *Michel Foucault: Beyond Structuralism and Hermeneutics*, Chicago: University of Chicago Press, 1983, p. 217.

意义上的权力并不存在。"[1]反之,只有通过追踪权力的实施过程,我们才能理解权力是什么。福柯并不排斥"什么"(what)和"为什么"(why)这类思辨形而上学议题,而是想借助于"如何"去加以解答:

> 如果我暂时赋予"如何"问题以优先地位,这并不是因为我打算放弃"什么"和"为什么"问题。相反,我想以不同的方式同时提出这些问题;进一步说,是想看看能否合法地构想一种权力,它同时将"什么"、"为什么"和"如何"融于一身。[2]

从这个意义上说,福柯的权力形而上学是一种描述的、经验的形而上学:通过描述权力的实施过程来规定权力的本质,通过描述事件(event)("发生着什么")来规定存在("是什么")。这种取向与怀特海、德勒兹和拉图尔是一致的。

第三,事件的发生过程为何能够借助于权力来表述?从构词上看,pouvoir 或 macht 意味着积极的行动能力,它在很大程度上与力量(force)是同义词。从根本上说,权力是多种力量之间的互动关系,而"力量是永恒的流变"。[3] 在不同事物之间的相互作用中,力量表现为整合、改造、分解、控制与反控制等。因此,力量就是能动性(agency):事物既能够施加影响,同时又是受影响的对象。我们无法想象,一个存在者是存在的,却无法对其他存在者发挥任何作用。这种作用与反作用的过程在福柯那里就是权力实施的过程。如此看来,权力形而上学与能动存在论是极为接近的。

---

① Michel Foucault, *Power/Knowledge*, trans. Colin Gordon et al., New York: Pantheon, 1980, p. 198.

② Michel Foucault, "Subject and Power." in , Hubert Dreyfus and Paul Rabinow, eds. *Michel Foucault: Beyond Structuralism and Hermeneutics*Chicago: University of Chicago Press, 1983, p. 217.

③ 德勒兹:《德勒兹论福柯》,杨凯麟译,南京:江苏教育出版社,2006 年,第 88 页。

第四，正因为如此，我们才能理解为什么权力具有创造性和生产性。福柯一再强调权力与压制、否定或禁止无关，权力内在地具有创造性。从形而上学的立场看，这一点很容易理解：权力的实施过程就是存在的生成过程，任何事物的生成都需要参照特定的权力配置。因此，生产性是权力的代名词。这也是为什么尼采认为“权力意志”意味着永恒的生成和创造，为什么应该持续不断地“重估一切价值”。

第五，将权力社会学化或政治学化，这与福柯本人的论述相左。在《规训与惩罚》中，福柯谈到了全景式监狱。全景式监狱的权力运作与监狱的空间布局和物理安排有着莫大的关系。在这部著作中，福柯花了大量的篇幅谈论监狱的硬件设置。可以想象，如果不对疯人院、医院、监狱、军队的物理结构和空间结构作适当的安排，相应的权力关系就无法实施。因此，与其说权力是一张社会学之网，还不如说它是一张异质性存在之网。这张网将人与物牢牢地捆绑在一起，将各种各样的异质性要素紧密连结起来：肉体、灵魂、档案、话语、身姿、伦理、知识、空间等。正因为如此，福柯将自己的权力分析称作“权力的微观物理学”[①]，而不是“权力的微观社会学”。将权力限定在人类共同体范围内而将事物排除在外，这绝不是福柯的权力理论的初衷。

第六，流行的政治学或社会学解读与福柯本人的侧重点不无关系。尽管权力理论是福柯的代名词，但他一再声明自己的研究主题“不是权力而是主体”。[②] 于是，他不遗余力地对人文科学进行考古学和谱系学探索。借助于权力来研究主体被主体化的方式，这显然属于传统的政治学范畴，统治社会的各种方式历来是政治思想家津津

① 福柯：《规训与惩罚》，刘北成等译，北京：生活·读书·新知三联书店，1999年，第28页。

② Michel Foucault, "Subject and Power." in Hubert Dreyfus and Paul Rabinow, eds., *Michel Foucault: Beyond Structuralism and Hermeneutics*, Chicago: University of Chicago Press, 1983, p. 209.

乐道的话题。然而，这只是权力形而上学的特例，因为原则上可以借助于权力理论来说明客体被客体化的方式、实在被实在化的方式、伦理被伦理化的方式、科学被科学化的方式等。福柯对主体议题的关注给人造成了错误的印象，让人误以为他是后现代主义者，误以为他将一切都化约为控制与斗争，包括真理在内。

概而言之，福柯的权力概念首先是形而上学的，其次才是政治学的。这种解读固然在一些地方与福柯本人的论述相矛盾，但只有作如此处理，我们才能理解权力的流动性、异质性、施行性、非主观性、无处不在、创造性等独特属性。这种解读一方面与具有解构倾向的后现代主义拉开了距离，另一方面则将福柯重新置于由尼采开创的并由德勒兹继承下来的形而上学语境之中。又或许，福柯本人从未离开过这一传统，而是我们离福柯太远。

二、“权力/知识”及其拓展

澄清了福柯的政治和权力概念，现在让我们进入知识议题。对于真理与政治的对峙，福柯完全不以为然。借助于“权力/知识”（pouvoir-savoir），福柯恰恰想将认识论与政治学关联起来。他在《规训与惩罚》中这样写道：

> 或许，我们也应该完全抛弃那种传统的想象，即只有在权力关系暂不发生作用的地方知识才能存在，只有在命令、要求和利益之外知识才能发展。或许我们应该抛弃那种信念，即权力使人疯狂，因此弃绝权力乃是获得知识的条件之一。相反，我们应该承认，权力制造知识（而且，不仅仅是因为知识为权力服务，权力才鼓励知识，也不仅仅是因为知识有用，权力才使用知识）；权力和知识是直接相互连带的；不相应地建构一种知识领域就不可能有权力关系，不同时预

设和建构权力就不会有任何知识。因此，对这些“权力一知识关系”的分析不应建立在“认识主体相对于权力关系是否自由”这一问题的基础上，相反，认识主体、认识对象和认识模态应该被视为权力一知识的这些基本连带关系及其历史变化的众多效应。总之，不是认识主体的活动产生某种有助于权力或反抗权力的知识体系，相反，权力一知识，贯穿权力一知识和构成权力一知识的发展变化和矛盾斗争，决定了知识的形式及其可能的领域。①

对许多人而言，这样的论调着实不可接受：难道人类对真理的苦苦追求不过是“权力意志”在作祟？难道让西方人引以为傲的现代科学纯粹是权力的产物？相比之下，后现代主义者和解构主义者却欢欣鼓舞：福柯揭穿了西方现代性的神话，暴露了真理的虚伪性，并使得启蒙理想成为幻想。在我看来，这类解读均无法令人满意。福柯无意将认识论还原为政治学，更无意将权力与知识等同起来：“如果我说过知识是权力的话，那我就什么也不用说了，因为既然这两者是同一的，我看不出为什么还要指明它们之间的关系。”②毋宁说，他的意图是为知识寻找“历史的先天”(historical a priori)条件。何谓“历史的先天”？哈金为我们讲述了一则故事：

乔治·康吉扬(Georges Canguilhem)这位杰出的科学史家作过颇具眼力的比较。在一篇论述《事物的秩序》的无与伦比的文章中，他材料翔实地影射康德。福柯半开玩笑地承认，他有一种“历史的先天”观念。康德教导说，存在一

① 福柯：《规训与惩罚》，刘北成等译，北京：生活·读书·新知三联书店，1999年，第29—30页。

② 福柯：《权力的眼睛》，严锋译，上海：上海人民出版社，1997年，第146页。

组确定的先天综合知识，该知识决定了连贯性思想的可能性边界，福柯则坚持“历史的先天”。[①]

在康德哲学中，知识的可能性条件被归结为先天的时间空间以及范畴。这些条件是非历史的、非经验的形式条件，是知识之为知识的前置条件。凭借略带戏谑色彩的“历史的先天”，福柯试图以新的方式回答康德式的问题。在他看来，知识之所以可能的条件不在于逻辑的形式条件，而在于历史的质料条件。这些条件一方面是经验的、历史的、可变的，另一方面又是逻辑在先的。在一次访谈中，福柯认为在权力及其制度形式与不同知识形式之间能够建立起某种联系，这些联系是“条件关系（des relations de conditions），而不是因果关系，更不是同一关系”[②]。在这一点上，哈贝马斯的理解是中肯的。在他看来，福柯的“权力”是“从事理性批判的历史学的先验一历史主义概念”。[③] 概言之，权力与知识之间是条件构造的关系：正因为无所不在的权力运作，知识才是可能的——临床医学、教育、精神病学等概莫能外。

将福柯类比于康德尽管很有启发性，却未能体现出“权力/知识”的形而上学意义。如前所述，福柯的权力概念具有浓厚的形而上学色彩。可以说，世界的生成过程就是权力的运作过程。在此过程中，知识是作为权力关系的效果出现的。效果并不是因果关系意义上的“结果”——因果关系本身也是权力的产物。在福柯看来，知识根本不是主体思辨的产物，更不是有关客观实在的心灵表象和语言陈述。知识是一种生成，是异质性要素之间的相互配置。这样看来，认识论必须建立在权力形而上学之上。也许，德勒兹的解释更加贴近福柯

---

① Ian Hacking, *Historical Ontology*, Cambridge: Harvard University Press, 2002, p. 91.

② 福柯：《权力的眼睛》，严锋译，上海：上海人民出版社，1997 年，第 146 页，译文略有改动。

③ 哈贝马斯：《现代性的哲学话语》，曹卫东等译，南京：译林出版社，2004 年，第 300 页。

的本意。在德勒兹看来，权力如同运作，知识如同法则，“权力关系是决定特异性（影响）的微分关系，而使其稳定与层叠化之现实化作用则是一种积分作用”。[1] 权力关系始终是不稳定的，时刻处于流变状态，而知识则是权力的暂时稳定化，或者说赋予流变以某种形式。离开权力，我们不可能理解知识；离开知识所代表的整合和固化形式，权力也无从展现。这并不意味着知识外在于权力，而是说知识表现为相对稳定的权力关系。权力关系所代表的永恒流变本身不足以对世界提供充分的解释，因为后者总是具有特定的形式和结构，即便它们是暂时的、相对的。为此，应当赋予世界以秩序和结构，而福柯的知识概念正着眼于此。

借助于权力/知识，福柯对临床医学、精神病学、教育、性等知识部门进行了深入探讨。细心的读者会发现，他的论域基本上限于人文科学，几乎没有涉足自然科学。那么，权力/知识适用于自然科学吗？对此，福柯持肯定态度。在1978年的一次访谈中，当被问及权力分析是否适用于精确科学时，福柯的回答是：“科学也行使权力”，“科学被制度化为一种权力，是通过大学体制以及它自身的限制性的实验室和实验工具”。[2] 然而，这番话无异于空头支票，在其著作中自然科学从未成为研究主题。也许，这与福柯特别关注主体有关。自始至终，福柯都试图理解人何以成为人，主体何以成为主体。即便如此，遗漏自然科学依然令人遗憾。20世纪以来，人类社会已大踏步迈入技术科学时代，五花八门的科学知识以及日新月异的技术产品无时无刻不在塑造着人们的行为方式、思维方式和认知方式。福柯纵然只对主体感兴趣，也不应忽略这股强大的构造力量。对于这种缺失，拉图尔评论道：

---

① 德勒兹：《德勒兹论福柯》，杨凯麟译，南京：江苏教育出版社，2006年，第78页。

② Michel Foucault, *Politics, Philosophy, Culture: Interviews and Other Writings 1977—1984*, New York: Routledge, 1988, pp. 106—107.

> 他(福柯)是不对称的。他毫无保留地赞同彻底的非连续性和革命,但他的所有著作都是关于社会科学的。对于自然科学,他不置一词(医学除外,它与自然科学相关)。也许,如果他关注化学和物理学的细节,本是可以做这项工作的(有一次他说,因为康吉扬已经在自然科学领域做了这项工作,所以他可以将自己限制在社会科学),但是在我看来,他由于避开了硬科学,也就回避了硬案例……我怀疑,他保留了典型的法国式态度——完全相信硬科学的可靠性。[1]

拉图尔的猜测未免有些武断。福柯没有对自然科学进行权力/知识分析,并不意味着他对科学持完全信任的态度。但无论如何,自然科学并未进入他的论域。

1987年,约瑟夫·劳斯出版了《知识与权力——走向科学的政治哲学》。这部著作改变了福柯的"不对称"形象,首次将权力/知识运用于自然科学。劳斯认为,在现代社会中,科学技术扮演着越来越重要的政治角色。一方面,专家在很大程度上左右着人们的日常判断,比如对食品的选择,对临床治疗方案的设计等。另一方面,在政治角逐中众多科学家参与其中,数不清的智囊团为政府政策的制定提供强有力的后盾。从这个角度看,科学技术专家已经成为政治活动的重要参与者,科学日益成为政治舞台上的强大力量。劳斯认为,这些现象固然重要,但科学实践中的微观政治学也是不容忽视的。以此为切入点,他借助于权力/知识揭示了科学与政治的内在相关性。

现代科学是培根意义上的实验科学。为了认识自然,揭示自然的秘密,必须揪住这头狮子的尾巴。这是科学家们在实验室中实现

① Thomas Hugh Crawford. "An Interview with Bruno Latour," *Configurations*, 1(2), 1993, p. 252.

的。实验室研究表明，科学实验远不是对世界的静观式描述，只有对自然进行不断的介入和改造，科学才能真正认识自然。并且，这种介入本身表现为某种权力关系。首先，科学家要运用各种设备和技术手段将研究对象从纷繁复杂的因果影响中隔离出来。只有这样，对象才能以清晰的、有规则的形态出现。其次，实验室是一个精心布置的、被严格分割的空间，比如工作台空间、材料和设备的清洁和放置空间、储藏空间、工具空间和办公室空间等。再次，对这些空间，科学家要实施重构，使监视和追踪事物成为可能。监视并不只是观察和记录数据。它要求科学家能够熟练地掌握实验程序，能够调整和改进中间步骤等。另一方面，监视也伴随着一个不断膨胀的书写领域。数据、文本、命名、标签、归档、制作表格等都是科学家的重要实验活动。最后，实验室实践不仅对事物进行分割、观察、分类和记录，它们甚至构造着对象的呈现形态和呈现方式。实验室中的隔离、分割、监视和建构活动正是福柯在《规训与惩罚》和《性史》中所揭示的权力运作策略。[①]

不仅如此，科学家之间的互动同样表现为权力运作。在劳斯看来，科学实践并不处于逻辑空间之中，它本质上属于修辞学。拉图尔在《科学在行动》中对于“强修辞”的讨论有力论证了这一点。当你的主张和命题遭到反驳，当你的实验设计受到怀疑，该做什么呢？辩护。辩护的方式是什么？有些人主张求助于“自然”，认为自然可以决定知识的真假。这种办法是行不通的，因为自然是什么，对象具有哪些性质，恰恰是有待争论的。“只要争论还在继续，自然就仅仅是争论的最终结果。”[②]拉图尔认为，辩护力的强弱取决于“资源”，它们包括既定的科学黑箱与技术黑箱、实验数据的有效性、盟友的多寡、网络连结的强度，等等。

---

① 劳斯：《知识与权力》，盛晓明等译，北京：北京大学出版社，2004年，第235－240页。

② 拉图尔：《科学在行动》，刘文旋等译，北京：东方出版社，2005年，第164页。

此外，科研活动要求对科学家本人进行规训（discipline）。Discipline 这个词有两层涵义：一是“学科”，比如社会学、经济学等知识门类；二是“规范”“训练”和“纪律”，它意味着一个权力运作的方式。[①] 科学家作为认知主体，绝不是笛卡尔意义上的“我思”。为了成为合格的研究者，他们必须接受严格规训，其中包括思维规训、身体规训、技能规训等。在库恩看来，成为一名科学家意味着接受特定的研究范式，一种不接受特定范式的研究者会被无情地排除在共同体之外。科学家在学生时代接受教育，将特定的科学范式作为默会知识接受下来，这实际上就是规训过程。另一方面，科学家的身体技能也是必不可少的。对实验仪器的操作，对实验材料的识别以及对实验程序的设计都要求科学家遵循既定的规范，形成一种技能性知识。这与福柯在监狱和军队等领域揭示的现象何其相似！

最后，不仅实验室内部是一个权力场所，实验室知识和实验室事实在外部世界的拓展也是权力运作的过程。这涉及知识的普遍性问题。劳斯认为，这绝不是从普遍到特殊的逻辑演绎过程，而是一个从特殊到特殊的普遍化问题。知识的拓展和事实的拓展涉及实验室条件的拓展，否则知识会分解，事实会变成虚构：“如果实验室的研究成果想要在其他地方得到可靠保持的话，那么使这些成果成为可能而进行的物质材料的分解和隔离必须被部分地拓展。”[②]拓展实验室条件意味着对外部世界的物理结构、社会结构以及人的行为方式进行改造和重组。当然，这种改造并不是单向的，而总是一个双向的力量对比过程。有些拓展会失败，与此相关的知识和事实将随之被放弃。

劳斯的这番工作克服了福柯的不对称形象，将权力/知识创造性地拓展到了自然科学领域，揭示了科学与权力的内在相关性。对于

---

① 华勒斯坦等：《学科・知识・权力》，刘健芝等译，北京：生活・读书・新知三联书店，1999 年，第 13 页。

② 劳斯：《知识与权力》，盛晓明等译，北京：北京大学出版社，2004 年，第 242 页。

科学与权力，劳斯作了如下总结：

> 权力不仅仅从外部对科学和科学知识产生影响。权力关系渗透到科学研究的最常见的活动中。科学知识起源于这些权力关系，而不是与之对立。知识就是权力，并且权力就是知识。[①]

请勿误解，将权力/知识应用于自然科学绝不是将后者化约为通常意义上的权力斗争，更无意在认识论中标榜某种令人恼火的马基雅维利主义。前文一再申明，权力首先是一个形而上学概念，它指的是异质存在者之间的相互作用，即世界的动态生成或事件。将知识视为权力的效果旨在确认，科学不是对客观世界的表象性知识，它本身隶属于存在，是诸能动者之间相互聚合、分解、强化、组合的产物。为了描述特定的科学知识，我们必须回答如下一系列问题：相关的行动者数量是多少？他们之间的结合度有多强？谁遭到了排斥？行动者在实践中如何改变着自身的性质？等等。对此，以行动者网络理论（ANT）为代表的新兴科学论已经发展出了一整套分析工具。[②] 总而言之，知识并不表象什么，也不是先验力量的构造物。为了理解知识的生成、辩护及其意义，必须追溯它背后的权力运作机制，必须展示相关的异质性能动者之间的互动过程，必须描述世界的生成或事件。从这个意义上说，认识论哲学应该重新转向存在论或形而上学，并且是有关生成、事件、权力和能动性的形而上学。

---

① 劳斯：《知识与权力》，盛晓明等译，北京：北京大学出版社，2004年，第23页。

② 兹举两例：Bruno Latour, *Reassembling the Social: An Introduction to Actor-Network-Theory*, Oxford: Oxford University Press, 2005; Andrew Pickering, *The Mangle of Practice: Time, Agency and Science*, Chicago: University of Chicago Press, 1995.

三、伽利略事件：现代科学的独特性

将权力/知识分析拓展到自然科学固然摆脱了主流的规范认识论范式，但这样做必然面临许多严肃挑战。人们会提出质疑：如果一切知识都是权力的效果，科学的独特性（singularity）①何在？知识与意见还有分别吗？科学实践与其他实践的差异在哪里？根据传统，这是典型的波普尔式的划界问题，并且长期困扰着科学哲学家。一方面，总是有人不畏艰险，矢志不渝地提出各式各样的划界标准。在他们看来，倘若不做如此努力，科学的典范地位将变得不可理解，现代人引以为傲的合理性将流于虚无。另一方面，无论工作多么努力，标准多么精致，科学划界屡遭挫折。这其中激进主义的解构工作固然发挥了破坏性作用，但与划界的思维方式本身不无关系。最终，科学划界问题变成了"黑洞"。它吸引着无数人的目光，又吞噬着一切努力，将一切化为泡影。

为什么会这样？因为科学划界从一开始就是误入歧途的。长久以来，哲学家们力图以超越性的法官姿态来规定科学的本质或规范，不遗余力地从认识论角度论证科学的优越性，比如客观性、合理性、真理、进步等。他们没有看到，科学首先是一项流动的实践，对知识的合理性与真理性的解释必须奠基于实践场。根据能动存在论，作为元科学的哲学角色本身就是可疑的。结果，关于科学的哲学话语严重脱离了科学实践自身的话语，哲学的划界标准对于真实的科学实践毫无规范力量。对此，后现代主义者和社会建构论者欢欣鼓舞。

---

① 斯唐热使用了德勒兹的术语 singularity。在数学中，singularity 常常译为"奇点"。德勒兹使用这个词想要表达的是决定个体化（individualization）的非同一性要素，即特定生成物的特殊性。这是一个非本质主义的概念，它们决定了个体化过程，但自身是变化的，不具有固定的本性。为了行文方便，我权且译为"独特性"。对 singularity 的进一步说明参见 James Williams, *Gilles Deleuze's Logic of Sense: A Critical Introduction and Guide*, Edinburgh: Edinburgh University Press, 2008, pp. 91-94.

在他们看来，科学与巫术之间并不存在本质区别，科学之为科学的独特性只是错觉，科学只是众多文化之一而已。这两种态度表面上针锋相对，实际上均采取了超越性解释。它们都声称自己有权对科学进行先天的规定，有权为科学制定普遍的方法论准则。所不同的是，一方信心十足，另一方则深感绝望。这正如法官，他既有权作无罪判决，也有权作有罪判决。倘若我们放弃法官式立场，坚持纯粹内在性原则，应如何重新看待划界问题呢？应如何理解科学的独特性呢？对此，斯唐热以伽利略为例进行了说明。借助于她的工作，我想更加具体地展示权力对知识的建构作用，并为摆脱普遍主义/相对主义寻找出路。

众所周知，伽利略是现代科学的奠基人。倘若没有他的革命性贡献，现代科学是不可想象的。长久以来，哥白尼、伽利略、牛顿这些科学巨匠被蒙上了一层神秘的面纱，似乎他们天才般地发现了常人数千年来无从知晓的自然规律，似乎只是因为他们的出现，科学才走上了康庄大道，知识才取得了进步，人类才摆脱了愚昧与黑暗。然而，神话终归是神话，不足以作为理解历史的参照。下面，让我们追随斯唐热来重温“伽利略事件”。在《关于两门新科学的对话》的第三天对话中，伽利略借萨尔维亚蒂(Salviati)之口对匀加速运动作了如下定义：“如果一个运动由静止开始，它在相等的时间间隔中获得相等的速度增量，则说这个运动是匀加速的。”[①]这后来演变成牛顿第二定律，并成为经典物理学的基石。可是，我们凭什么要接受伽利略的定义？他的这一表述是科学的吗？在伽利略作了上述定义之后，萨格里多(Sagredo)即刻提出质疑：

尽管我对这个或任何别的由不管哪位作者想出的定义

① 伽利略：《关于两门新科学的对话》，武际可译，北京：北京大学出版社，2006年，第149页。

> 拿不出合理的反驳，因为所有的定义都是任意的，然而我可以不带攻击性地怀疑像上面这种以一种抽象的形式建立的定义能否符合和描述我们在自然界中遇到的自由下落物体的那类加速运动。[①]

萨格里多的怀疑并不是偶然的，它代表了一种兴起于中世纪并流行于伽利略时代的怀疑论。早在1616年前后，巴尔贝里尼(Cardial Maffeo Barberini)(即后来的教皇乌尔班八世)在与伽利略的一次交谈中就表达出了类似疑虑。在巴尔贝里尼看来，上帝是全能的，能够做一切不自相矛盾的事。巴尔贝里尼向伽利略问道：以某种全然不同的方式重新安排整个宇宙秩序并同时能够拯救一切现象，这是否超出了上帝的能力和智慧？如果你认为上帝做不到这一点，那你就必须证明与你不同的其他体系无法胜任，必须证明其他体系包含矛盾。换言之，否定其他可能性的唯一理由是包含矛盾。乌尔班八世的怀疑论可以追溯到中世纪的巴黎主教唐皮耶(Etienne Tempier)。1277年，唐皮耶对整个亚里士多德派的宇宙论提出了批评，特别是如下命题：上帝不能让天体做平移运动(movement of translation)，否则就陷入荒谬。在唐皮耶看来，荒谬并不是矛盾。既然上帝是全能的，它就有能力让整个世界变得荒谬，只要不自相矛盾。在全能的上帝面前，任何无法还原到逻辑或纯粹观察报告的知识都是虚构(fiction)，都是任意的。人类的理智根本无法知晓上帝的意志，无法解释为何上帝创造了这个世界而不是另一个世界，因而无法在知识秩序与事物秩序之间建立确定的联系。对于这种怀疑论，斯唐热评论道：

---

① 伽利略：《关于两门新科学的对话》，武际可译，北京：北京大学出版社，2006年，第149页。

> 无论如何我们不应低估这一事实的重要性:中世纪形成了一种新型怀疑论,这种怀疑论——也许一切人类文明都出现过——不再表现为少数派的思想,后者承受着被驱逐或边缘化的风险,而表现为这样一种思想:它不仅与权力(power),而且与权力的压制维度(repressive dimension)建立了明确联系。这种怀疑论否定了任何冒险不遵守其消极规范、相反却破坏其明证性的人——它之所以能够这样做,是因为权力本身所施加的限制赋予它以权威性。从信仰的角度看,这种权力将妄图限制上帝自由的任何理性运用斥之为错误的。相应地,这种思想将虚构力(power of fiction)强行作为我们的主张的不可逾越的视域。[1]

这就是伽利略必须面对的处境。因此,他的任务不仅仅是对抗亚里士多德派,而"必须首先并首要地反对如下思想,即一切普遍知识本质上都是虚构,人类理性的力量无法揭示事物的理性"。[2]在此,有必要解释一下"虚构"这个词。斯唐热将任何创新性的命题都称作虚构,理由在于:第一,如果它遭到拒绝,没有被纳入到科学之中,显然就成了虚构;第二,这个词表达了现代科学的独特性,科学家在面对现象和事实时拥有某种自由,可以采取多种可能的处理方式。[3]

斯唐热认为,正是伽利略回应怀疑论的方式表现出了现代科学的独特性:一方面,伽利略的定义确实属于虚构范畴,他无法必然地证明该定义为真;另一方面,这是一种特殊的虚构而不"仅仅是虚构"。承认自己的命题是虚构,这当然是相对于全能的上帝而言的。

---

① Isabelle Stengers, *The Invention of Modern Science*, trans. Daniel Smith, Minneapolis: University of Minnesota Press, 2000, p. 78.

② Isabelle Stengers, *Power and Invention*, trans. Paul Bains, Minneapolis: University of Minnesota Press, 1997, p. 154.

③ Isabelle Stengers, *Power and Invention*, trans. Paul Bains, Minneapolis: University of Minnesota Press, 1997, pp. 135-136.

对上帝来说，只要不自相矛盾，一切皆有可能。对于某种现象，命题A原则上并不能排斥命题B的可能性，只要后者不包含矛盾。从这个意义上说，一切命题都是任意的。这将现代科学与普遍必然的古典科学理念区别开来了。可是，现代科学不仅仅是虚构，而是一种独特的虚构。在相对主义者看来，既然一切都是任意的，那么所有的虚构均具有平等地位。现代科学的独特性在于，它恰恰能够凭借各种手段来证明自己是一种有别于其他虚构的特殊虚构，并能够让异议者和怀疑者保持沉默。伽利略是怎么做到这一点的呢？斜面实验。

1608年，伽利略在工作笔记中画了一幅有关落体运动的草图。在这幅图中，伽利略设想了这样一个实验：在桌面上放置一个斜面，让物体沿斜面运动，并测量出物体落地点与桌子边缘之间的距离。斜面的高度不同，落地点与桌子边缘之间的距离也不同。这个实验包含三种运动：第一次落体运动（由下落高度来表示），桌面上的水平运动，以及自由落体运动。第一次落体运动使得人们能够将物体看作是具有速度的，速度大小只取决于下落高度。物体的水平运动则是匀速的，速度是之前下落时获得的速度。自由落体运动则可以测量上述速度，前提是你承认它由两种运动所构成且互不影响，即垂直的加速运动与水平的匀速运动。不仅如此，它还以三种方式对速度概念进行了定义：物体高度改变时获得的速度，在特定瞬间所具有的速度（比如从斜面到水平桌面的瞬间），以及水平运动时所具有的速度。伽利略的实验装置很独特，尽管它无法解释物体为什么这样运动，却能够反驳任何别的解释——通过改变斜面的高度，斜面与桌子边缘之间的距离，或者桌子距地面的高度。对于任何可能的质疑，都可以通过改变上述变量做出回应，并反过来证明只有伽利略的虚构是可信的。对此，斯唐热总结道：“这个实验装置让现象‘说话’，从而让对手‘保持沉默’。”[①]

斜面实验不是所谓的“判决性实验”。判决性实验要求现象独立于理论假设，而斜面实验显然并不满足这样的要求。另一方面，该实验现象是高度人工化、理想化的，在实验装置之外并不存在。在《关于两门新科学的对话》中，伽利略借萨格里多之口说道，实验“当然要以没有偶然的或外部的阻力为前提，平面是硬的和光滑的，而且运动物体的外形是理想的圆形，使得平面和运动物体都不是粗糙的”。[②]正是凭借这个并不“自然”的自然科学实验，伽利略能够让异议者保持沉默，从而将自己对运动的描述确立为一种有别于其他虚构的独特虚构。伽利略无法直接证明自己的真理性，除非他能够揭示其他一切相关的虚构均包含矛盾，而这显然是不可能的。可是，借助于斜面实验，他可以间接地为自己辩护——让怀疑论者闭嘴。从这个意义上说，斜面实验所确立的真理是“消极真理”(negative truth)而非“积极真理”(positive truth)。

透过伽利略事件，我们可以看到现代科学实践的独特性究竟是什么。一方面，面对强大的怀疑论，现代科学无法坚持普遍必然的古典知识理念，它原则上无法跻身于柏拉图所谓的理念世界。这样，诉诸普遍性、必然性、合理性、真理等先天价值为科学辩护的做法变得不可能了。从这个意义上说，认识论的科学划界是误入歧途的。另一方面，这并不意味着科学只是意见或者虚构。凭借各种实验手段和设备，特定的知识主张有能力将自己区别于随意的虚构，有能力让怀疑者和异议人士保持沉默，从而间接地证明自己的真理性。从这个角度看，知识相对主义有欠公允，它并没有认真对待科学家付出的艰苦努力。

---

① Isabelle Stengers, *The Invention of Modern Science*, trans. Daniel Smith, Minneapolis: University of Minnesota Press, 2000, p. 83.

② 伽利略：《关于两门新科学的对话》，武际可译，北京：北京大学出版社，2006 年，第 156 页。

对于这种既非普遍主义又非相对主义的态度，斯唐热用“非相对主义的智者”(nonrelativist sophists)形象地加以概括。非相对主义的智者有两个核心主张。第一，“人是万物的尺度”，这要求我们放弃一切超验的真理、理性或必然性。就眼下的主题而论，它意味着拒绝先天地赋予科学以普遍性或合理性，放弃元科学位置，从超越性走向内在性，将科学与 episteme 剥离开来。第二，“并非一切尺度都是均等的”。这一主张显然是针对相对主义的。取消超验真理，我们只能置身于“意见世界”。尽管如此，这并不意味着一切意见都是均等的，具有同样的价值。事实上，总是有一些意见比另一些意见更有强度，更有效力。借用德勒兹的话说，尽管所有建筑都立于土壤之上，但总有一些比另一些更精致、更牢固。斯唐热认为，相比于超验真理，现代科学与其他知识体系一样显然只能归属于意见或虚构(fiction)。但是，现代科学之为科学的独特性在于，它恰恰能够凭借各种设备、仪器、程序等来现实地证明自己是一种有别于其他虚构的特殊虚构，有别于其他意见的特殊意见。因此，非相对主义的智者既反对超验真理，也反对“真理的相对性”(relativity of truth)，而坚持“相对的真理性”(truth of the relative)。相对的真理性并不意味着一切真理是相对的。相反，它主张尽管一切都是相对的，但有些相对能够凭借各种力量来确立自己的真理性，从而与其他相对区别开来。①

概而言之，所谓科学，就是有能力将自身确立为科学的实践活动。这似乎是一个循环定义，逻辑上是不可接受的。事实上，它恰恰表达了我们的旨趣：将科学实践本身视为元科学(meta-science)，关于科学的话语与科学实践自身的话语是同一的。这鲜明地体现了纯粹内在性原则。

---

① Isabelle Stengers, *Cosmopolitics I*, trans. Robert Bononno, Minneapolis: University of Minnesota Press, 2010, p. 11.

四、从宇宙政治看科学

伽利略事件不仅是经典物理学事件，而且是宇宙政治学事件。换言之，他建立物理学的过程同时是宇宙政治学过程。这并不是说伽利略善于玩弄权术，更不是说伟大的近代科学革命只是一场无聊的政治游戏。从宇宙政治学角度看，伽利略事件向公共世界的既定秩序发起了挑战，并确立了新的共存模式。下面，让我们从几个方面加以分析。

首先，伽利略事件开创了“如何”(how)与“为何”(why)的经典区分。人们常常认为，近代物理学关心的是自然界如何运动，而前科学时代的思辨活动旨在寻找事物如此这般的理由。显然，如何问题必须诉诸观察、实验、测量等才能得到解答，而为何问题最终要追溯到终极因这类超验力量。这样理解现代科学固然没错，却未能说明如何与为何是怎样被区分开来的。换言之，你不能理所当然地认为它是规定现代科学的先天根据——似乎来自天堂。如何与为何的划分恰恰是现代科学实践的产物。就伽利略而言，他发明了新的知识类型，这既不同于神学知识，也不同于形而上学的思辨知识。这种新型知识唯一关心的是事物如何运动，并将为何问题排除在外。借此，伽利略为现代科学开辟了一个新的可能性空间。这无疑对既定的知识秩序和权威秩序发起了挑战，并连带地提出了重组公共秩序的要求。

其次，这项要求包含两个层面。一方面，它改变了人们对待事物的态度和方式。对事物的理解不再参照终极因和充足理由律，而应首先揭示其运动规律，操作和实验取代了对自然的静观和沉思。另一方面，它还对权威性进行了再分配，将从事思辨活动的哲学家、神学家、公众排除在科学共同体之外，并在如何与为何之间建立起某种等级关系：在追问世界为何如此这般之前，你首先必须明白世界的如此这般，如何问题优先于为何问题。对此，斯唐热总结道：“(上述两个方面）都是政治的。第一点针对事物，它规定了应该如何对待事物。第二点针对人，它借助于上述规定而对资质和责任进行分配。”[①]

最后，如何与为何的分野以及权威性的再分配与权力是密切相关的。借助于斜面实验，伽利略成功地证明自己的虚构是一种独特的虚构，是区别于随意虚构的科学虚构。毋庸赘言，他无法直接证明自己对加速度的定义是真理，更无意解答事物如此这般运动的原因。但是，伽利略有能力让怀疑论者保持沉默而间接地确立自己的合法性与真理性。在本章开篇谈及福柯的时候，我们已经指出能力或力量并不是社会学的，它首先是形而上学的。借助于特定的实验设备和实验设计，伽利略成功地让实验事实站在自己一边。关于这一点，拉图尔的论述更加精致。在《科学在行动》中，他以令人信服的方式将权力等同于行动者网络的编织。在拉图尔看来，这是一张异质性存在之网，包括实验材料、图标、数据、公式、实验设备、人员等。任何敢于对特定的科学命题发起挑战的人，都必须面对所有这一切相关的行动者。[②]

这样，我们便回到了“宇宙政治学中的科学”。通过考察福柯的权力/知识和伽利略事件，我们发现知识与政治是内在相关的。长久以来，知识与政治被严格划分开来，似乎知识只要沾染上政治习气就立即陷入非理性的泥潭。这一悠久的思想传统可以追溯到柏拉图的《理想国》：一方面，他将政治改造为洞穴政治；另一方面，他将知识置于超政治的理念世界。由此，政治无所谓真理，真理无所谓政治。然而，这种非政治的科学正因为是超验的，绝不是任何科学家们在实践中能够获取的，绝不是任何洞穴人能够企及的。如今所谈论的现代科学与此完全不同。近代科学革命之所以如此重要，不仅因为它改

---

① Isabelle Stengers, *The Invention of Modern Science*, trans. Daniel Smith, Minneapolis: University of Minnesota Press, 2000, p. 81.

② 拉图尔：《科学在行动》，刘文旋等译，北京：东方出版社，2005 年，第一部分。

变了人们看待世界的方式，更重要的是转换了科学的存在形态。从此以后，科学不再高居理念世界之庙堂，而成为“在世存在”即现实的科学家的现实成就。任何关于普遍性、客观性与合理性的说明都必须以科学实践为地基。于是，我们从超越性走向了内在性。另一方面，放弃了超验的知识观念，也就没有理由再坚持洞穴政治，后者恰恰以前者为根据。这样，我们回到了政治的原初含义：所谓政治，就是内在性地构造共同体的秩序和结构，它首要地关涉到诸存在者如何共存。这就是斯唐热所说的宇宙政治，一种纯粹内在性的政治观念。

知识是政治的，这样的说法绝不是想对抗柏拉图：柏拉图是不可对抗的，只要你承认知识是超验的，政治是洞穴人的把戏。毋宁说，它要求同时重构既定的知识观念和政治观念，以便为反思科学的现实处境提供参照。“宇宙政治中的科学”提示我们，现代科学在生产知识的同时提出了重组共同体秩序的要求，创造着新的共同体成员，并改变着权威性的分配。因此，知识的生产与政治的生产是同一的。以往，人们总是假借真理之名拒绝对科学作政治学反思，似乎科学是超政治的，似乎谈论政治是对真理的侮辱。现在，这一境况正在成为过去。“宇宙政治学中的科学”要求我们将认识论与政治学视为同一个问题：思考政治必须反思科学，反思科学就是思考政治。从这个意义上说，科学政治学不应当止步于制度层面，不应当只探讨科学共同体与政治结构的关系或者科学的政治后果，而必须将知识与政治视为同一个问题的两个侧面，实现认识论与政治学的统一。

这样做会招致一些人的严厉批评：将政治学引入认识论，这不是与相对主义和非理性主义为伍吗？科学知识的普遍性何在？长久以来，人们只能在普遍主义/相对主义之间作出非此即彼的选择。为了坚持普遍主义，你必须将知识纯洁化，使之挣脱各种各样的洞穴；如果你胆敢把知识与政治相提并论，就必须接受相对主义的逻辑后果。第二章业已指出，这并不构成真正的选择，因为它预设了认识论的科学观念。以科学实践为地基的能动存在论坚持认为，知识既不是对外部世界的表象，也不是特定的社会文化建构。知识隶属于存在，是诸异质性能动者相互作用的产物。这样，我们就放弃了认识论的科学观念，走向了存在论的科学观念。对特定的知识，哲学的任务既不是为其普遍有效性辩护，也不是采取解构主义的态度否认其普遍性。相反，我们的核心职责是描述其生成过程，将诸参与者及其互动机制展示出来，恰如福柯所做的那样。纯粹内在性原则拒绝一切超越性立场，无论这种立场是普遍主义的，还是相对主义的。能动存在论拒绝一切康德式的法官角色：关于科学的哲学话语与科学实践自身的话语是同一的。特定的知识体系可以是相对的，如果它没有能力聚集足够多的能动者，如果它无力抵抗其他能动者的解构。它也可以是普遍的，如果它有能力让异议者保持沉默，如果它可以编织足够强大的网络。对此，拉图尔的比喻十分精彩：

> 当人们说知识“普遍为真”的时候，我们必须这样来理解：知识就像铁路，在世界上随处可见，但里程有限。但是，说火车头可以在狭窄而造价高昂的铁轨之外运行就是另外一回事了。然而，魔法师却力图用“普遍规律”迷惑我们，他们说，这些规律哪怕在没有铁路网的灰色地带也是有效的。[①]

---

① Bruno Latour, *The Pasteurization of France*, trans. John Law, Cambridge: Harvard University Press, 1988, p. 226.

第五章 “物”、实在性与政治学

讨论完知识议题，现在让我们转向科学研究的对象，即所谓的实在性议题。在科学哲学的历史发展中，实在性曾经是个极为重要的问题，让众多哲学家们费尽思量，20 世纪下半叶科学实在论/反实在论的无休止争论便是明证。眼下，这场论战的硝烟已经散去，人们对此似乎已经丧失了兴趣，它为我们留下了怎样的思想遗产依然悬而未决。在此，我无意涉足这场旷日持久的论战，这样做或许最终将一无所获，白白浪费了笔墨。本章试图探讨两个问题：如何在能动存在论的框架内说明实在性？这种说明方式何以关乎政治学？

根据一般看法，有关事物之实在性的研究属于形而上学或存在论范畴，因为它涉及事物的存在方式问题。可是，形而上学恰恰是科学哲学所极力排斥的对象。20 世纪 20 年代，卡尔纳普发表了一篇宣言式的文章，题目叫作“通过语言的逻辑分析清除形而上学”。正是这篇文章为科学哲学的后续发展定下了基调。自此，形而上学成为科学哲学的非法主题，存在问题被长期边缘化，认识论则占据了主流位置。科学哲学的首要任务是为科学知识的客观性、合理性和有效性进行批判性辩护。至于认知对象的性质及其存在论地位，那不属于科学哲学的职责范围。这样看来，尽管科学实在论/反实在论之争具有浓厚的形而上学意味，它主要还是在认识论框架内展开的。[①]

正如第二章论证的那样，能动存在论拒不接受认识论的科学观念，反对将认识论看作“第一哲学”。根据能动存在论，科学是一个实践场，它处于流动的内在性平面。科学实践并非以超然的姿态如其所是地表象外部世界，它自身参与着世界的生成。为了理解知识，必须理解存在，反之亦然。从这个意义上说，以认识论为根据剥夺存在论/形而上学的合法性，这种做法本身是不合法的。科学哲学应当放弃康德式的思想遗产，将存在论作为理解科学的重要参照，从认识论的科学观念转向存在论的科学观念。

即便承认存在论探究对于理解科学是不可或缺的，将实在性与政治学相提并论依然令人费解，甚至显得很荒唐。20世纪初，胡塞尔曾经对近代客观主义进行过诊断。在他看来，客观主义尽管造就了知识的繁荣，也不可避免地导致了“欧洲科学的危机”，其征兆是“对事实的迷信”。[②] 客观主义将世界作为给定的事实加以探究，缺乏对世界之存在方式的反思意识，带有某种朴素性。可惜的是，朴素的客观主义非但没有因其朴素而退出历史舞台，反而成为“时代精神”。这一时代精神肇始于近代科学革命，在启蒙运动时期达到高潮，并且一直延续至今——这特别表现为盛行于英美学界的自然主义和物理主义。根据客观主义的思想方式，事实是给定的、客观的、独立的，与人类共同体的价值观、利益、理念等毫无关系。无论人类社会如何变迁，思维方式如何转换，实在终归是实在的，事实绝不可能变成杜撰。在此背景下，对象成为超历史的、超政治的范畴。你可以探讨国家政治或国际政治，但绝不可能有关于原子、电子、基因或DNA的政治。

① 这也是为何科学实在论/相对主义之争在《科学革命的结构》之后才成为显学。科学实在论的出现恰恰是为了挽救库恩和费耶阿本德制造的“合理性危机”，它的实质是“认识论危机”。

② 胡塞尔：《哲学作为严格的科学》，倪梁康译，北京：商务印书馆，1999年，第64页。

现在我们认识到，这种政治观念本身是有问题的。根据宇宙政治学，应当放弃人与非人的二元架构，修改科学/政治的现代宪法。所谓政治，就是内在性地、集体性地构建公共秩序的努力。这一政治进程并非为人类共同体所独有，事物或非人是重要的参与者。它们提出了新的共存模式，并要求对公共世界的秩序和结构进行重组。不同于洞穴政治或权利政治，宇宙政治原则上向一切存在者开放，并不先天地将政治限定在人类共同体的边界之内。借用拉图尔的话说，“宇宙政治学”中的“宇宙”这个前缀恰恰是为了防止政治的过早封闭——在事物面前关闭政治的大门。如果这样理解，那么实在性与政治学或许不再是两个没有任何交集的范畴，有关对象之存在方式的探究将内在于宇宙政治学，“政治存在论”(political ontology)或“存在论政治学”(ontological politics)将成为可能。

一、“我们自己的历史存在论”

让我们再次回到福柯。20 世纪 80 年代，福柯发表了一篇文章，题目叫作“什么是启蒙”。这个标题很容易让人联想到康德的名篇。不错，福柯的用意正在于此。关于两位哲学家之间的传承关系暂且不论，仅就这篇文章而言，福柯的意图很明确：把先验批判转换成历史批判，或者说把认识论批判转换成存在论批判。文中，福柯提出了“历史存在论”(historical ontology)这一重要观念。根据哈金的考证，这个短语是福柯本人的杜撰，而且只在 20 世纪 80 年代早期使用过，不像“知识型”(episteme)、“权力/知识”那样广为人知。[①] 那么，何谓历史存在论？

众所周知，存在论是关于存在的学问。在希腊人那里，存在意味着世界的始基、根据或本质。人们日常认定存在的东西实际上并不

① Ian Hacking, *Historical Ontology*, Cambridge: Harvard University Press, 2002, p. 3.

是真正的存在，反倒是那些不存在的东西才真正存在着。理念用肉眼无法看到，却是现象世界的本质。上帝是我们无法感知的，却是最完满的存在。在这样的思想传统中，存在毫无历史性可言。倘若始基、本质或根据是历史的，那么哲学家们苦苦追求的确定性和必然性势必成为空中楼阁。历史意味流变，而流变之物恰恰有待永恒之物去奠基，否则自身将丧失意义，变得不可理解。于是，柏拉图信心十足地将存在的世界看作生成的世界的基础。这种根据存在去解释流变的存在论取向长期占据主导地位。在此背景下，存在论是非历史的，甚至是反历史的。

那么，福柯为何要杜撰一个看起来自相矛盾的短语呢？历史存在论的任务是什么？

> 我们自己的历史存在论（historical ontology of ourselves）必须回答一组开放的问题；它必须进行无限的质问，这些质问根据我们的喜好可以是多样化的、特殊化的，但它们都将围绕如下系统问题：我们怎样被建构成我们自己的知识的主体？我们怎样被建构成实施或服从权力关系的主体？我们怎样被建构成我们自己的行为的道德主体？[①]

主体！一个让现代思想家爱恨交织的范畴。在《逻辑学讲义》中，康德曾经提出过一组广为传流的问题："我能知道什么？我应该做什么？我可以希望什么？人是什么？"[②]这些问题不仅是康德哲学的中心，甚至是整个现代哲学的缩影。但在福柯看来，作为知识主

---

① Michel Foucault, "What is Enlightenment?" in Paul Rabinow, ed., *The Foucault Reader*, New York: Pantheon, 1984, pp. 48-49. 类似论述可参见 Hubert Dreyfus and Paul Rabinow, *Michel Foucault: Beyond Structuralism and Hermeneutics*, Chicago: University of Chicago Press, 1983, p. 237.

② Immanuel Kant, *Lectures on Logic*, trans. Michael Yong, Cambridge: Cambridge University Press, 1992, p. 538.

体、权力主体和道德主体的“我”远不能作为哲学的出发点，它恰恰是有待探究的问题。尽管福柯的著作涉猎广泛、议题多样，但他坚称自己的总课题是“主体”[①]：

> 主体性历史学始于对如下现象的研究：以疯狂、疾病与犯罪的名义所做的社会划分（social divisions），及其对理性而正常的主体之构成所产生的影响。它还始于如下努力：辨别主体在知识学科（knowledge disciplines）中的客体化模式，比如那些研究语言、劳动与生命的知识学科。[②]

总之，主体议题始终贯穿于福柯的著作中，尽管有时候十分隐晦，尽管它并非总是被主题化。

这样的探究缘何又是历史的？在福柯看来，我们作为主体并不是给定的事实，我们的存在方式、行为方式和认知方式并不必然。毋宁说，“我们自己”是一系列历史事件的效果和后果，是权力之网的生成物。福柯说道：“主体这个词有两种意义：经由控制和依赖而隶属于他人；经由良心或者自我认识而束缚于他自己的身份。这两种意义都表现了一种征服和使之隶属的权力形式。”[③]

知晓原委之后，“我们自己的历史存在论”就不再显得那么自相矛盾。一方面，历史存在论反对现代思想传统，认为主体不应当成为哲学反思的起点，而恰恰是有待探究的问题。于是，它将“我们自己”

① Michel Foucault, "Subject and Power." in Hubert Dreyfus and Paul Rabinow, eds., *Michel Foucault: Beyond Structuralism and Hermeneutics*, Chicago: University of Chicago Press, 1983, p. 209.

② Michel Foucault, "Subjectivity and Truth." in Paul Rabinow, ed., *Ethics: Subjectivity and Truth*, New York: The New Press, 1997, p. 88.

③ Michel Foucault, "Subject and Power." in Hubert Dreyfus and Paul Rabinow, eds., *Michel Foucault: Beyond Structuralism and Hermeneutics*, Chicago: University of Chicago Press, 1983, p. 212.

的存在方式作为中心议题。从这个意义上说，它是存在论的。另一方面，它主张这些存在方式并不必然，而是历史建构的。在特定的历史阶段，知识主体、伦理主体、实践主体有着不同的建构路径和建构方式。对此，我们只能诉诸历史方法或谱系学方法。与以往的存在论观念不同，历史存在论是经验的、后天的、局部化的。进一步说，历史存在论与政治学存在着千丝万缕的联系。正如前一章谈到的那样，福柯的权力概念既是形而上学的，又是政治学的。存在者的历史建构离不开权力的实施，主体的存在方式内在于权力之网。这也是为何福柯总是将主体与权力相提并论的原因。

关于主体的历史建构过程，福柯作了广泛而细致的探讨，在此无需展开。我想追问的是，除了"我们自己的历史存在论"，一种关于"非我"的历史存在论是否可能？换言之，历史存在论是否不仅适用于主体，而且适用于客体——事物、实在、非人等？对这个问题，福柯本人似乎并不关心，而哈金则明确持否定态度。在《表象与介入》中，他用一整章的篇幅讨论了"现象的创造"(creation of phenomena)。以霍尔效应为例，它是发现的还是创造的？科学实在论者会异口同声地回答：发现。然而，在哈金看来，事情远没有这么简单："我认为霍尔效应在特定的仪器之外并不存在。其现代形式是技术，它是可靠的，而且其生产已经常规化了。霍尔效应，至少是纯粹的霍尔效应，只有用这些仪器才能体现。"[①]这个评价听起来相当谨慎。后来，哈金干脆承认，霍尔不只是使得自然存在的现象纯粹化或者规则化，"霍尔使得该现象存在"。[②] 换言之，霍尔效应的出现内在于历史进程，而不是既定的、超历史的客观实在。尽管如此，哈金坚称霍尔效应不属于历史存在论的研究范围。为什么？

---

① Ian Hacking, *Representing and Intervening*, Cambridge: Cambridge University Press, 1983, p. 226.

② Ian Hacking, *Historical Ontology*, Cambridge: Harvard University Press, 2002, p. 15.

> 因为它并不符合我们的知识、权力与伦理这三条轴线。霍尔制造该效应,只是因为他被权力的微观社会学适当地网罗进去,这是显而易见的。你可以援引某种伦理关怀。当然,他也为我们的知识库增添了所知(know that)与能知(know how)。但是,在上述三条轴线之内并没有建构什么东西,既没有建构我们自己,也没有建构电磁学或者任何别的东西。[1]

在哈金看来,历史存在论的任务是考察建构自我的各种途径和方式。就此而论,他严格遵循着福柯对历史存在论的看法:"虽然我想将福柯的历史存在论加以普遍化,但我将尽力保留他的主旨,即三条基本轴线。"[2]据此,霍尔效应不能成为历史存在论的研究对象,因为它无法纳入到三条轴线之中。

我认为,对历史存在论作如此限定并不妥当。根据福柯的权力形而上学,任何存在都是权力运作的结果,任何特定事物的生成原则上都不排斥其他能动者的参与。从这个意义上说,知识主体和伦理主体的建构只是历史存在论的特例,原则上一切存在者都应该成为它的研究课题,包括看似客观的、超历史的科学对象。也许,福柯本人对主体问题的特别关注造成了错误印象,让人误以为历史存在论只关乎"我们自己",只针对主体的存在方式。在我看来,必须把历史存在论贯彻到底。它不仅涵盖主体,而且适用于主体之外的存在物。历史存在论应当普遍化!

二、海德格尔与拉图尔论"物"

可以想象,将历史存在论普遍化将面临来自各方的挑战。科学

---

① Ian Hacking, *Historical Ontology*, Cambridge: Harvard University Press, 2002, p. 16.

② Ian Hacking, *Historical Ontology*, Cambridge: Harvard University Press, 2002, p. 5.

实在论者会毫不客气地反驳道，实在之为实在是独立的、客观的、给定的，毫无历史性可言。否则，科学家认识的是什么呢？难道仅仅是幻觉吗？随着范式、理论或概念图式的变迁，难道外部世界也会奇迹般地发生变迁？这种实在论态度有着悠久的历史，并在普罗大众中赢得了广泛支持，科学家本人更是深表赞同。眼下，我不想卷入实在论/反实在论的争论漩涡，而试着从别处出发：海德格尔和拉图尔关于“物”的思考。[1] 之所以这样选择，是因为他们从深层次上揭示了“物”(thing)的缘起及其意义，这将为后续的政治学讨论提供重要指引。

20世纪30年代之后，科学技术作为独特的现代性现象进入海德格尔的视域。关于这个主题，海德格尔撰写了一系列广为人知的文章。尽管他的文字略显晦涩，不那么容易把握，但主旨是清楚的：现代性的本质在于技术，技术的形而上学本质是“座架”(Gestell)，“座架”制造了虚无主义“危险”，为此应该“转向”“物”。[2] 在作为四重整体之聚集的物中，海德格尔为人类勾勒出一幅本真家园的景色。科学技术包含危险，这个论断并非海德格尔的独创。启蒙运动的乐观主义阶段过后，浪漫主义接踵而至给了科学理性一记耳光。后来，马克思的“异化劳动”、马克斯·韦伯的工具理性、阿多诺与霍克海默的“启蒙辩证法”，无不表达出对现代性的忧患意识。因此，关键的问题不在于技术是否隐含着危险，而在于它在何种意义上隐含危险？如何克服危险。

在海德格尔看来，现代人的虚无主义与无家可归状态在很大程度上要归咎于现代技术。作为座架，技术本质上是一种独特的形而上学解蔽方式。它对所有事物进行表象(vorstellen)，把物解蔽为资

---

① 本节部分内容可参见孟强：《海德格尔与拉图尔论物》，《科学技术哲学研究》2010年第6期。

② “物”“座架”“危险”和“转向”是1949年海德格尔在不莱梅俱乐部的讲座标题。

源(Bestand),进而操作、控制和利用。甚至人自身也处于座架之中,也遭受“摆置”,被削减为“人力资源”。作为“完成了的形而上学”[1],技术实现了形而上学最极端的可能性:对世界的无条件计算和控制。从这个意义上说,技术就是“权力意志”。难怪,尼采被海德格尔称作“最后一位形而上学家”。从这个意义上说,技术带来的“危险”实质上是形而上学危险,“转向”相应地也必须从形而上学入手。那么,除了技术的计算性解蔽,是否还存在不同的解蔽方式?除了将世界还原为资源之外,是否存在不同的打交道方式?海德格尔的回答是肯定的:“物”(Ding)。

乍一看,将“物”作为克服技术危险的方式很让人不解。根据常识,物恰恰是有待赋予意义的冰冷对象。在马克思那里,人的物化是资本主义的恶果,是有待扬弃的异化状态。用物克服虚无主义看来走错了方向。然而,在海德格尔看来,现代技术把所有一切都还原为资源,把任何事物都作为有待表象的对象,这正是物的丧失。现代形而上学的“世界图景”剥夺了物的原始意义:“物之物性因素既不在于它是被表象的对象,根本上也不能从对象之对象性的角度来加以规定。”[2]他用自己一贯擅长的“哲学辞源学”考证出物的古老含义是“聚集”(gathering):

> 确实,古高地德语中的 thing 一词意味着聚集,而且尤其是为了商讨一件所谈论的事情、一种争执的聚集。因此,古德语词语 thing 和 dinc 就成了表示事情(Angelegenheit)的名称;它们表示人们以某种方式给予关心、与人相关涉的一切东西,因而也是处于言谈中的一切东西…… Res

---

① 海德格尔:《演讲与论文集》,孙周兴译,北京:生活·读书·新知三联书店,2005年,第80页。

② 海德格尔:《演讲与论文集》,孙周兴译,北京:生活·读书·新知三联书店,2005年,第174页。

publica 的意思并不是国家，而是显然关涉到每个公民、“拥有”每个公民并且因此被公开商讨的东西。[1]

物的源始含义与共同体的聚集和商谈有关，这一点得到了米歇尔·塞尔的证实。塞尔发现，在所有欧洲语言中，不管是南部还是北部，thing 这个词均来源于 cause，而 cause 则来自法律或政治领域。对象本身似乎只有在某个集会进行争论时才存在，抑或只有在陪审团作出裁决之后才存在。[2] 时至今日，冰岛人的议会依然称作 Althing，北欧国家的集会场所也被冠以 Ding 或 Thing。[3]

海德格尔并未从政治学角度深入下去，但保留了聚集这一源始含义。在他看来，物是天地人神四重整体的聚集。这是什么意思？还是用海德格尔本人的例子说明吧！一座两百多年前由农民筑造的院子坐落在“大地上”，它的木石结构取自大地，且终将返归大地。院落位于避风的山坡上，屋顶承载着冬日的积雪。“风雪”透露出它在“天空下”。公用桌子后面的圣坛、死亡之树是终有一死者的归宿，暗示着院内人的终极命运，院落在“护送终有一死者”。圣坛上的十字架则让诸神在场，这是对神圣性的期待。作为天地人神之聚集的院落，既非房地产市场上的商品，也不是资源意义上的对象。居住在作为物的院落中，人才真正找到了家园。在《筑·居·思》中，海德格尔考证出，“我在”(Ich bin)的根本意义是“我居住”。这与前期的分析是一致的。《存在与时间》对“in”的分析表明，“在之中”源自“居住”(to dwell)。人的存在等同于栖居，栖居意味着筑造家园，家园的功能在于保护自由，而自由的前提是保持住四重整体。置身于四重整

---

① 海德格尔：《演讲与论文集》，孙周兴译，北京：生活·读书·新知三联书店，2005年，第 182 页。

② 关于塞尔对 thing 的讨论，参见 Bruno Latour, *We Have Never Been Modern*, New York: Harvester, 1993, p. 83.

③ Bruno Latour, “Why Has Critique Run out of Stream? From Matters of Fact to Matters of Concern.” *Critical Inquiry*, 30(2), 2004, p. 233.

体之中，人才是有家的。另一方面，有家的栖居乃是诗意的栖居。“作诗，作为让栖居，乃是一种筑造。”[①]“人诗意地栖居”意味着人自由地置身于天地人神的聚集之中。作为天地人神之聚集的物的世界，是人的源始存在家园。守护物，也就守护了存在之根，从而也就克服了技术座架中蕴藏的现代性危险。

揭示出物作为聚集，这是海德格尔的重要贡献。然而，他内心深处的浪漫主义情怀促使他不恰当地将对象（资源）与物对立起来，并期望用天地人神之聚集来克服甚至逃离现代性。这种对待危险的方式能否成立，暂且不论。我想追问的是，海德格尔将对象与物对立起来，是否误解了科学技术实践？倘若对象本身也表现为聚集，那又怎样？这正是拉图尔对海德格尔的疑问。在拉图尔看来，海德格尔对物的分析堪称巧妙，但对科学技术的把握远不够充分：“海德格尔的错误不在于对壶的分析过于精彩，而在于勾画了 Gegenstand 与 Thing 的二元性。”[②]现在，让我们转向拉图尔。

第二章已经指出，20 世纪下半叶兴起的科学实践研究，其重要贡献是破除了表象主义的知识观念，揭示了知识生产的复杂性和异质性。哈金在经典著作《表象与介入》中已经指出，科学是介入的过程而不是表象的过程。只有通过改造、控制、隔离、纯化等复杂的实践活动，知识生产才是可能的。认识论不能也不应消除认知主体与认知对象之间的互动关系，而且这种互动改变着对象的存在方式及其属性。设定一个超历史的、独立于认识活动的对象概念，这有违科学实践的现实。在这方面，杜威无疑是伟大的先驱。为了把握近代科学的意义，他提倡用“参与者式的认识论”来取代“旁观者式的认识论”，并将实验探究视为近代科学的核心特色。

---

① 海德格尔：《演讲与论文集》，孙周兴译，北京：生活·读书·新知三联书店，2005 年，第 198 页。

② Bruno Latour, "Why Has Critique Run out of Stream? From Matters of Fact to Matters of Concern." *Critical Inquiry*, 30(2), 2004, p. 234.

> (实验探究)表现出三个引人注目的特征。第一个特征显而易见:一切实验都涉及外显活动(overt doings),以确定的方式改变环境或者改变我们与环境的关系。第二,实验并不是随机的活动,它接受思想的指导,这些思想必须满足由问题设定的条件——正是这些问题引发了积极的探究。第三个特征也是最后一个特征,它赋予前两点以完整的意义。有指导的活动的结果是建构一个新的经验情境,在其中对象之间具有不同的关系。因此,有指导的活动的结果形成了具有待认知性质的对象。①

杜威的说法呼应了导论中对古典科学与近代科学的区分。与古典科学的静观与沉思不同,近代科学要求认知者实实在在地介入自然,与对象发生积极的相互作用。因此,对象远不是独立于科学实践的存在物,正如杜威总结的那样,"认识对象是事后形成的;也就是说,它是有指导的实验操作的结果,而不是在认识活动之前充分存在的东西。"②

在这个问题上,拉图尔与杜威、哈金等人有着很大的相似性,尽管他们的理论旨趣各异。第二章讨论布鲁尔/拉图尔之争时谈到了"哥白尼式的反革命",拉图尔关于对象的阐释应当置于这一背景下理解。在他看来,诉诸主体/客体、自然/社会、事实/价值等抽象范畴去说明纷繁复杂的现实世界,这条路是走不通的。与怀特海一样,他坚称哲学的任务是用具体解释抽象而不是相反。"哥白尼式的反革命"试图摆脱二元论形而上学,它的中心既非主体也非客体,而是居于主客体之间的动态的、异质性的相互作用过程。这个"中间王国"

---

① John Dewey, *The Quest For Certainty: A Study of the Relation of Knowledge and Action*, New York: Minton, Balch & Company, 1929, pp. 86-87.

② John Dewey, *The Quest For Certainty: A Study of the Relation of Knowledge and Action*, New York: Minton, Balch & Company, 1929, p. 171.

是流动的、生成性的。进一步说，它类似于德勒兹的内在性平面。将对象视为客观的、有待表象的，这种做法违背了纯粹内在性原则与“哥白尼式的反革命”的精神。那么，对象究竟是什么？聚集。

如海德格尔考证的那样，“物”最初与共同体和集会有关，是将特定的群体聚集起来并促使他们展开商讨的东西。对此，拉图尔深表赞同，并恰如其分地将其称作“关涉之物”(matter of concern)，以区别于“事实之物”(matter of fact)。事实之物具有如下特点：第一，它有着明确的边界、本质或属性，隶属于客观世界，受制于严格的因果法则；第二，一旦事实之物的制造过程宣告结束，科学家、工程师、企业主和技术专家就隐身了，且制造过程本身也变得不可见；第三，由事实之物构成的客观世界与社会世界的关系被归结为影响与被影响的关系，一切违反客观逻辑的做法都被归因于“非理性”或“社会政治因素”；第四，即便事实之物带来了灾难性的后果，也不会对它的客观地位带来冲击，事实无须对事实造成的后果负责。相比之下，关涉之物具有如下特点：第一，它的边界是不明确的，属性是不稳定的，内容与环境之间不存在严格的区分，多少类似于德勒兹的“块茎”(rhizome)；第二，关涉之物的制造者及其制造过程是可见的，相关人员、论辩、仪器、实验室和设备等均是在场的；第三，关涉之物不会对外部世界产生任何“影响”，因为它从一开始就与各种异质性能动者存在着千丝万缕的联系，不存在独立于社会的客观逻辑；第四，关涉之物并非独立于它产生的后果，不同的后果将对关涉之物进行不同的定义，将改变关涉之物的性质与形态。[①] 严格说来，事实之物只是一种特殊的关涉之物，是关涉之物的伪装形式，其超越性恰恰建立在内在性之上。拉图尔宣称，与海德格尔的“物”一样，科学技术对象也是聚集，并且是一种极为独特的聚集：它通过聚集呈现出非聚集性，

---

① Bruno Latour, *Politics of Nature*, trans. Catherine Porter, Cambridge: Harvard University Press, 2004, pp. 22-25.

通过建构而呈现出非建构性。

为了展示对象的聚集性，拉图尔诉诸著名的行动者网络理论(ANT)，这体现在《法国的巴斯德化》《科学在行动》等一系列著作中。为了制造特定的科学技术事实，科学家一方面必须征募其他科学家、工程师、科研助手、资助机构等社会行动者，另一方面需要动员足够多的科学理论、事实、仪器设备、技术手段等物质行动者和概念行动者。把诸行动者关联起来的机制是利益的转译(translation)。科学实践过程是不断编织行动者网络的过程。提到利益，人们自然而然地会想到科学知识社会学的"利益模型"：用社会群体的利益去解释科学知识。但是，拉图尔所说的"利益"与此无关。Interest 这个词来源于 interesse，inter-esse 意味着"居间存在"(being in between)。[①] 转译其他行动者的利益(兴趣)，就是将其置于特定的关系网络之中，并同时修改相关行动者的属性与形态。根据行动者网络理论，对象不是外在于共同体、有待科学家发现的客观存在，而是内在于"集体"并随着诸行动者的互动而不断演化的东西。什么是原子？原子有哪些性质？要回答这些问题，必须考察聚集在原子周围的能动者及其互动机制。所谓"实体"也不是什么潜在或者背后的东西，它的意思是把各种各样的要素聚集成一个稳定而连贯的整体。[②] 这印证了杜威的观点，对象变成了事后形成的东西，而不是先于认知活动而存在的超越之物。这样，拉图尔关于对象的阐释回到了"物"的原初意义：内在于集体并为集体所关涉的东西。

概而言之，在拉图尔看来，海德格尔设定物与对象的二元性是不恰当的，科学技术对象与物一样也具有聚集性，它们均处于内在性平面之中，是诸能动者相互作用的结果，其存在方式是块茎式的。只不

① Michel Callon, "Some Elements of a Sociology of Translation." in Mario Biagioli, ed., *The Science Studies Reader*, New York: Routledge, 1999, p. 71.

② Bruno Latour, *Pandora's Hope*, Cambridge: Harvard University Press, 1999, p. 151.

过，这种聚集不再是天地人神之四重整体，而有着复杂得多的聚集形态、机制和成分。相应地，海德格尔对科学技术的批判路线也将发生转变。既然对象与物一样都呈现为聚集，那么你不能够再用“物”来克服现代性的“图景化”和“对象化”，而应该思考如何内在性地改变现有的聚集方式及机制。当然，这是另一个话题，留待最后一章再展开。

三、“越建构，越实在！”——论实像主义

看来，哈金将福柯的历史存在论限定在主体范围内显得过于谨小慎微了。倘若科学对象与物一样也具有聚集性，倘若二者均是“关涉之物”而非“事实之物”，那么历史存在论理应普遍化，它将适用于一切存在者。这将从根本上冲击现代思想架构。近代科学革命之后，世界发生了分裂。从此，历史性被严格限定在人类社会领域，事物是没有历史可言的。你尽可以追问文化、精神、价值观和伦理道德的起源与谱系，但世界作为世界是给定的、外在的、客观的。无论人类社会怎样变迁，事物都遵循必然的因果法则和规律，小到原子，大到浩瀚星辰。即便进化论在19世纪异军突起，也未能改变上述局面。科学家们可以追踪物种的复杂进化过程，但这个过程本身被看作是独立于科学认知实践的客观进化。结果，科学史长期被理解成知识史、观念史或思想史，至于研究对象的历史变迁则属于自然科学的课题。在这一思想架构中，历史存在论只能是有关“我们自己的历史存在论”，关于事物的历史存在论原则上是不可能的。这是一种严重的不对称！幸运的是，这种局面正在改变。作为一位被长期遗忘的先行者，弗莱克（Ludwik Fleck）的工作直到近期才显示其重要性。在《科学事实的起源与发展》中，他对瓦塞尔曼反应（Wassermann reation）的历史沿革进行了出色的研究。在《走向知识事物史》（*Toward a History of Epistemic Things*）中，莱因伯格（Hans-Jörg

Rheinberger)从历史学视野出发分析了蛋白质生物合成系统的构建过程以及转核糖核酸的实验室起源。莱因伯格说道，“我的历史视野停留在事物层面上”，“可以称之为事物传记、对象的源流”，它是“对事物生成过程的记录”。[①] 拉图尔在《法国的巴斯德化》中详细讨论了巴斯德的乳酸菌的存在史。这一系列研究表明，我们必须破除既定的实在观念，将对象纳入科学实践场内。

有人会提出如下挑战：你尽可以赋予对象以聚集性，尽可以将历史存在论普遍化，但必须告诉我们实在为何是实在的，事实何以不是虚构，否则你的论证就丧失了说服力，毕竟科学对象的独立性与客观性是不容抹杀的。这一挑战值得严肃对待。通常，在对科学实在论表示不满的时候，许多人草率地倒向了反实在论或社会建构论。这与真理问题有几分相似。前面谈到，斯唐热区分了真理的相对性(relativity of truth)与相对性的真理(truth of the relative)。出于对普遍主义真理概念的不满，持激进立场的人迅速倒向了它的反面。他们未能看到，除此之外还存在另一种选择，即相对性的真理。那么，在实在问题上，除了科学实在论与反实在论之外，是否同样存在其他选择？回答是肯定的：实像主义(factishism)。[②]

在讨论实像主义之前，先澄清一个可能的误解。坚持对象的聚集性以及普遍化的历史存在论观念，这全然不同于 20 世纪 70 年代以来的社会建构论。第二章曾经谈到，社会建构论是一种社会学化的康德主义，它力图用“社会”取代“我思”，将知识的可能性条件追溯到社会结构、利益和协商等。如果说在认识论层面社会建构论有其理据的话，那么在存在论层面上无疑会导致荒谬的结论。科学家以及相关的社会群体怎么能够凭借利益、协商、共识等社会要素构造出

---

① Hans-Jörg Rheinberger, *Toward a History of Epistemic Things*, Stanford: Stanford University Press, 1997, p. 4.

② 本节部分内容可以参见孟强：《实像主义研究述评》，《哲学动态》2013 年第 9 期。

实实在在的原子、基因或夸克呢？难道他们可以无中生有？社会建构论是科学实在论的反面，它们尽管在知识和真理问题上针锋相对，但在坚持自然/社会的现代性二元架构方面是一致的。能动存在论秉承“哥白尼式的反革命”的精神，主张彻底放弃现代二元论，将哲学的重心转移到动态的、流动的“中间王国”。由此，如拉图尔所言，“社会建构”的意义也将随之发生变化：“建构”意味着能动性和自发性，“社会”意味着异质性能动者的集合。[①] 这样，社会建构论将告别解构主义和批判主义，转变为以聚集和构造为导向的形而上学。

言归正传，什么是实像主义？这个词来源于拉图尔。众所周知，伴随着现代性的兴起，所有前现代社会都或多或少地被赋予某种偶像论色彩。所谓偶像论（fetishism）就是不恰当地将偶像（fetish）视为事实（fact），将人自身的构造物当作能够控制人的外在力量，比如古人对日月星辰的敬畏，原始部落的图腾崇拜，等等。相反，所谓反偶像论（anti-fetishism）或偶像破坏论（iconoclasm）就是严格区分偶像与事实，并证明偶像的所有意义、价值和力量均来自人本身。这里，至关重要的是偶像与事实这两个概念。当你没有能力区分偶像与事实，错把偶像看作客观事实时，你就是偶像论者。相反，当你严格区分事实与价值，并将主观信念从客观性中剥离出来的时候，你就是反偶像论者。凭借这一区分，启蒙主义者不遗余力地对前现代文化进行无情的批判，并力图粉碎一切原始的、超自然的偶像。拉图尔坚称，运用偶像论完全不能说明前现代人的文化实践，运用反偶像论同样也不能说明现代人的实践。于是，他引入了“实像”（factish）：

> “fetish”与“fact”这两个词有着相同的模棱两可的词源……但一方突出了另一个词的反面。“fact”这个词看起

① Bruno Latour, “The Promises of Constructivism.” in Don Ihde and Evan Selinger, eds., *Chasing Technoscience*, Bloomington: Indiana University Press, 2003, pp. 28-29.

> 来指的是外部实在，“fetish”这个词看起来指的是主体的愚蠢信念。在拉丁文起源中，二者都掩盖了密集的建构活动，后者同时说明了事实的真相与心灵的真相。我们必须揭示的正是这一共同真相，而不要去相信沉迷于白日梦的心理主体的胡言乱语，也不要相信冷冰冰的、非历史的对象——它们似乎是从天堂掉落到实验室中的。而且，也不要去相信朴素的信念。为了综合这两种词源，我们将给稳固的确定性(robust certainty)贴上 factish 这个标签，这种确定性使得实践流动起来，同时实践者从不相信建构与实在、内在性与超越性之间存在差别。[①]

从字面上看，factish 是 fact 与 fetish 的混合。据考证，fetish 与 fact 具有相同的词根，两者兼具构造与非构造双重含义。[②] 但是，这两种含义在近代之后发生了分裂：fetish 被单独用来强调构造的含义，而 fact 则被单独用来强调非构造的含义。拉图尔之所以提出 factish，正是要避免上述分裂，将构造与非构造视为同一个过程的两个方面：

> 实像意味着采取一种完全不同的步骤：正因为它是被建构的，所以才如此实在，如此具有自主性，如此独立于我们的劳动。正如我们一再看到的那样，连结(attachments)非但没有降低自主性，反而强化了它。在明白“建构”与“实在”是同义词之前，我们会误将实像看作另一种形式的社会

---

① Bruno Latour, *On the Cult of the Factish Gods*, trans. Catherine Porter and Heather Maclean, Durhan: Duke University Press, 2010, pp. 21-22.

② Bruno Latour, *Pandora's Hope*, Cambridge: Harvard University Press, 1999, p. 272.

建构论，而不是看作对有关何谓建构的整个理论的修正。[①]

人们通常认为，如果某物是建构的，就不可能是实在的；如果某物是实在的，就毫无建构性可言。围绕建构与实在，科学哲学家们在论战中耗费了许多笔墨。拉图尔提出 factish，正是要避免建构/实在、内在性/超越性之间的对立。这一举动看似讨巧，实际上暗含着对社会建构论和科学实在论的彻底重构，这特别表现在“哥白尼式的反革命”的精神之中。一方面，实像主义(factishism)放弃了康德以来的主体主义取向，将建构视为一切存在者的生成机制而不是主体性或主体间性的专利。由此，“能动的自然”(natura naturans)与“被动的自然”(natura naturata)被统一起来。另一方面，实像主义避免了科学实在论的客观主义和超越性取向。“纯粹内在性”原则取消了一切超越性范畴，实在不再是独立于生成的非生成物，而是内在于生成的被生成物。但是，这种被生成和被构造物并不是任意的、主观的，它受制于其他能动者，并同时对后者进行限制。对于实像主义，拉图尔的概括略带调侃意味：“越建构，越实在。”[②]

依据这条思路，斯唐热对中微子的“矛盾存在模式”(paradoxical mode of existence)进行了分析。众所周知，中微子极难观察，它的主要属性只在极为罕见的相互作用中才表现出来。探测中微子需要借助于大量的精密仪器，要参照其他已知粒子。而且，探测活动本身与技术、数学、制度和文化史是密不可分的。另一方面，早在探测仪器出现以前，科学家们就已经假设中微子是存在的，这出于对称和守恒的理论美学。然而，一旦探测手段趋于成熟并实际探测到中微子，它便具有了实在性的一切特征，后者使得中微子能够完全独立于探测

① Bruno Latour, *Pandora's Hope*, Cambridge: Harvard University Press, 1999, p. 275.

② Bruno Latour, "The Promises of Constructivism." in Don Ihde and Evan Selinger, eds., *Chasing Technoscience*, Bloomington: Indiana University Press, 2003, p. 33.

装置而存在。对此，斯唐热分析道：

> 简而言之，中微子是同时且密不可分地“自在存在”(in itself)与“为我们存在”(for us)……用较强的口气说，这种看似矛盾的存在模式——根据该模式，“自在存在”与“为我们存在”的生产是相关的，这远不像传统哲学认为的那样不连贯——实际上是实验活动的唯一目标。该模式的成功尺度在于它制造实像的能力，而实像既是有时间的，又是超历史的。[①]

中微子的“矛盾存在模式”真的矛盾吗？难道我们能够建构出非建构的实在？一方面，倘若没有相关的实验设备和实验安排，中微子是无法被探测到的，从这个意义上说中微子是“为我们存在”。但另一方面，一旦它被探测到，一旦相关的物理学证据足够充分，科学家们便能够声称中微子是“自在存在的”。拉图尔指出，从词源上说所谓实在就是抵抗。[②] 抵抗什么呢？一切现实的解构：批判、证伪、反证、不连贯等。实像自身包含着抵抗解构的力量，正是这种力量使得实像呈现出实在性的外表。“中微子、原子或DNA可以声称它们独立于建构者而‘存在’；它们已经克服了如下证据，即它们仅仅是可能背叛作者的虚构。”[③]这样看来，实在根本不是什么超越科学实践的范畴，它基于内在性的建构或聚集过程。

于是，我们面临的选择不再是或者建构或者实在，而是好的建构(good construction)与坏的建构(bad construction)。科学之为科学

---

① Isabelle Stengers, *Cosmopolitics I*, trans. Robert Bononno, Minneapolis: University of Minnesota Press, 2010, p. 22.

② 拉图尔：《科学在行动》，刘文旋等译，北京：东方出版社，2005年，第156页。

③ Isabelle Stengers, *Cosmopolitics I*, trans. Robert Bononno, Minneapolis: University of Minnesota Press, 2010, p. 31.

的独特性不在于它能够如其所是地认识外部世界，而在于它的建构和聚集实践是强有力的，足以抵抗质疑和解构。“正因为科学家的工作以及良好的工作，事实才是自主的，独立于（科学家）自己的行动。”[①]但另一方面，正因为实在性建立在建构性之上，所以没有任何先天的根据能够确保实在永远实在，它总是面临着退化为虚构的风险。“一旦中微子、原子或DNA离开特定的场所、实验室网络……一旦它们被纳入到拆解存在、发明与证据的陈述中，它们的意义就可能发生变化，变成所谓‘科学意见’的矢量。”[②]对此，斯唐热称之为“药理学不稳定性”(pharmacological instability)。[③]

既然如此，建构与实在为何看起来如此水火不容？我们知道，在科学史界，辉格史观念已经成为过去。但是，请不要忘记，科学家本人也是历史编纂学家，他们也是辉格派。事实上，科学史家与科学哲学家的辉格史观念在很大程度上来源于科学家本人的辉格史。在现实的科学实践中，不确定性和偶然性无所不在：对象的形态是模糊的，仪器是不稳定的，现象之间的关系是松散的。只有经过不懈的努力，包括反复实验、改进设备、调整研究方法，某一事实最终才能被确立起来。一旦获得实在性地位，科学家们会回过头去，对自己的实践进程作辉格式重构。他们会说，自己的一切工作无非是为了发现和认识该事实。这是一种典型的辉格式编纂学，莱因伯格称之为“科学家的自发史”(the spontaneous history of the scientist)。“在科学家的自发回溯(recurrence)中，新的东西变成了已经存在的，尽管隐而

① Bruno Latour, "The Promises of Constructivism." in Don Ihde and Evan Selinger, eds., *Chasing Technoscience*, Bloomington: Indiana University Press, 2003, p. 34.

② Isabelle Stengers, *Cosmopolitics I*, trans. Robert Bononno, Minneapolis: University of Minnesota Press, 2010, p. 31。

③ 在希腊文中，pharmakon是缺乏稳定性的药物。它既可以治疗疾病，也可能变成毒药。在斯唐热看来，实像主义具有双重药理学意义：第一，实像要抵抗药理学指责，即确保自身有别于虚构；第二，因为缺乏任何先天基础，它时刻可能遭到解构。

不显，变成了研究一开始的唯一目标：一个消失点，一个目的论的中心。”[①]如果接受科学家的自发史，忽视科学实践的整个进程，删除科学家以及相关群体围绕事实所做的大量工作，就会倒向科学实在论：科学是对自然的发现，知识是对实在的表象，真理是知识与对象的符合。相反，如果对科学实在论持批判性态度，着重强调科学共同体的能动性而抹杀科学之为科学的独特性，那么社会建构论是不错的选择。实像主义拒绝在社会建构论与科学实在论之间进行选择，坚持将实在与建构看作同义词。实像主义告诉我们，聚集性并不排斥实在性，历史存在论的普遍化与对象的客观性并不冲突。

四、物与政治

至此，本章的收获如下：第一，科学哲学应当放弃认识论范式，将存在论或形而上学纳入进来；第二，福柯的历史存在论观念不仅适用于主体，而且适用于一切存在者；第三，对象或实在并非是独立于认知活动的超越存在者，它们与海德格尔的“壶”一样具有聚集性；第四，聚集性并不排斥实在性，实像主义坚持二者是统一的；第五，我们无须在社会建构论/科学实在论之间作出非此即彼的选择。那么，这番讨论与政治有何关系？

以往，政治学的合法领域被限定在人类共同体之内，对象或事物是无所谓政治的。它们可以充当政治的媒介或政治的工具，但自身是非政治的。在论及自然契约的时候，塞尔已经明确揭示了这一点。你尽可以质疑政府的合法性，尽可以为自由平等赴汤蹈火，但事实终究是事实，实在总归是实在。无论政治风云如何变幻，外部世界从不为所动，恰如政治游戏的冷眼旁观者。然而，这样的观念既误解了事

---

① Hans-Jörg Rheinberger, “Experimental Systems.” in Mario Biagioli, ed., *The Science Studies Reader*, New York: Routledge, 1999, p. 425.

实，也误解了政治。宇宙政治学告诉我们，政治根本不是洞穴人的把戏，“共同体”是后人类主义范畴，同时涵盖人与物。实像主义告诉我们，对象从来不是独立于共同体的存在者，它的超越性恰恰建立在内在性之上。人们既不应该抛开共同体去谈论事物，也不应该抛开事物去谈论政治。这样，我们回到了“物”的原初含义，即海德格尔考证出来的共同体商谈与聚集之维。

这番讨论最终使得存在论与政治学不再是两个互不相关的范畴。一方面，事物的存在方式并非外在于政治，似乎它们是政治共同体不得不接受的先天条件，似乎在事实问题上应该解散政治集会。另一方面，政治也不再是纯粹人类共同体的游戏。对于政治人来说，重要的不是他们持有什么意见和看法，而是什么东西推动他们去思考和表达，他们的自由恰恰在于拒绝拆散与事物之间的连结。[1] 如此，“政治存在论”变得可能了——莫尔（Annemarie Mol）称之为“存在论政治学”（ontological politics）：

> “存在论政治学”是一个复合词。它涉及“存在论”——根据流行的哲学用法，存在论规定着属于实在的东西，我们与之共存的可能性条件。如果把“存在论”这个词与“政治”联系起来，这意味着可能性条件并不是给定的。实在并不先于我们与之互动的日常实践。所以，“政治”这个词旨在凸显这种积极的形式，这个塑造过程，并侧重于如下事实：它的特征同时是开放的、可争议的。[2]

---

① Isabelle Stengers,“Including Nonhuman into Political Theory”. in Brunce Braun and Sarah Whatmore, eds. , *Political Matter: Technoscience, Democracy, and Public Life*, Minneapolis: University of Minnesota Press, 2010, p. 5.

② Annemarie Mol,“Ontological Politics: A Word and Some Questions. ”in John Law and John Hassard, eds. , *Actor Network Theory and After*, Oxford: Blackwell, 1999, pp. 74—75.

根据存在论政治学，事物的存在方式并非与政治无涉。正如约翰·劳(John Law)所说，如果实在是被制定的(enacted)，它就不是固定的、单数的，这意味着制定某一特定的实在基于各种各样的理由，这些理由本身是可以讨论的。[①] 其实，关于这个话题，温纳(Langdon Winner)早在20世纪80年代已经展开过讨论。在《人工物有政治吗?》一文中，他探讨了技术人工物的政治性，并举了一个著名的例子即长岛公园的天桥。纽约的公路“建筑大王”摩西(Robert Moses)为长岛公园设计的天桥要比普通的天桥低。这是为什么?研究发现，这是摩西有意为之，目的是限制公共汽车通行。乘公共汽车的人通常都是低收入阶层以及社会地位不高的黑人。这样的设计使他们难以接近长岛公园。这使得中产阶级可以更自由地在长岛公园消遣。因此，天桥的设计本身就隐藏着政治意图，而且确确实实发挥着政治影响：对下层阶级的排斥。这个案例一方面否定了技术决定论，另一方面也是对社会决定论的修正。社会决定论，比如技术的社会建构(SCOT)，尽管看到了社会对技术的建构作用，但忽视了这种建构本身也是实在的。说某个事物是建构的，并不意味着它不发挥效力。温纳认为自己的研究路线是“将技术本身视为政治现象”，“它将我们带回到事物本身——借用胡塞尔的哲学名言”。[②]

“回到事物本身的政治学”本质上是“事物政治学”(Dingpolitik)。对此，拉图尔从七个方面进行了刻画。[③] 第一，政治不再局限于人，它涵盖了人与之连结的众多议题。在这方面，事物政

---

① John Law, *After Method: Mess in Social Science Research*, London: Routledge, 2004, p. 162.

② Langdon Winner, “Do Artifacts Have Politics?” in Donald MacKenzie, ed., *The Social Shaping of Technology*, Philadelphia: Open University Press, 1985, p. 27. 尽管温纳的探讨很有启发性，但他的政治学观念十分传统。在他看来，所谓政治是“权力和权威在人类关系中的安排”。

③ Bruno Latour, “From Realpolitick to Dingpolitik.” in Bruno Latour and Peter Weibel, eds., *Making Things Public: Atmospheres of Democracy*, Cambridge: The MIT Press, 2005, pp. 40-41.

治学与宇宙政治学是一致的。第二，对象变成了物，事实之物变成了关涉之物。这一点前文已经作了细致讨论。第三，集会(assembling)不再处于既定的空间之中，比如传统意义上的议会。相反，哪里有议题(issue)，哪里就有集会。第四，政治人的思维、语言和认知缺陷不再是参与政治的障碍，它们恰恰推动着政治进程。这与传统政治哲学关于政治主体资质的预设是截然相反的。政治不是自由的、具有思维能力和善良意志的主体之间的"理想交往"，孤独的主体绝不是政治主体。相反，为了能够参与政治，为了能够表达自己的立场，必须借助于各种复杂的中介、手段和连结。第五，政治不再局限于议会，而拓展到众多集会(assemblages)之中。政治将变得非中心化、微观化、无处不在，这与福柯的政治观念有几分相似。第六，集会出现在临时性的、脆弱的"幻影公众"(Phantom Public)①之中。在传统的政治哲学中，公众被抽象化、理想化，以至于变成了幻影，无法现实地支撑民主政治的合法性。事物政治学承认这一点，并坚持任何集会总是特殊的集会，其参与者有着迥然不同的兴趣和诉求。他们之所以能够聚集，是因为共同关心某一议题。② 第七，事物政治学将摆脱现代线性时间观，远离进步/保守的修辞学。根据事物政治学，关键的问题不在于以进步或革命的名义将保守派或蒙昧主义驱逐出政治舞台，而在于如何使得各种立场共存。

无论是人工物政治学、存在论政治学还是事物政治学，它们传递出来的实质上是宇宙政治学精神。正如第三章论证的那样，宇宙政治是一种纯粹内在性的政治观念，其核心理念是"政治所处不在，尽管并非一切都是政治的"。根据宇宙政治学，在政治进程之外并不存在超越之物。无论是真理、上帝还是实在，都不是限制或规范政治进

① 这个词来自李普曼，参见 Walter Lippmann, *The Phantom Public*, New Brunswick: Transaction Publishers, 1927.

② 详见第六章第三节。

程的超验范畴。真理不足以作为解散议会的根据,上帝无法为人类先天地确立终极理想,事实不是让对手保持沉默的有效手段,科学亦非理性的尺度。相反,只有置于政治进程之内,上述范畴才是可理解的。当然,所谓政治进程绝不是赤裸裸的权力斗争或压迫/反抗的辩证法。毋宁说,它原则上涉及“非等级式的共存模式”问题。“非等级”意味着一切存在者均处于内在性平面之中,没有什么事物能够置身于超越性地位。所谓共存模式,就是如何内在性地重构共同体的秩序而不诉诸真理、理性、实在、理念等超验范畴。在此进程中,事物不是政治的冷眼旁观者,自然并非外在于社会契约。为了理解实在的实在性,为了说明事物的存在方式,必须诉诸后人类主义共同体的实践过程——它表现为异质性能动者之间的相互作用。从这个意义上说,存在论与政治学是统一的。

许多人认为,上述观念在技术科学时代或许具有很强的说服力,但这并不意味着它可以作为一种普遍化的思维方式。如今,在国内国际政治舞台上,转基因、核安全、气候变暖、食品安全、垃圾处理等一系列议题早已司空见惯。面对日新月异的技术产品和五花八门的人工物,任何负责的政治家和政治机构都必须严肃对待。然而,如果把时间回溯到前现代时期,上述立场将存在很大的局限性。曾几何时,用具是原始的,电子产品尚未出现,人与人之间的物质媒介相对罕见。此时,人类的首要问题是如何与自然打交道,而后者显然有别于人工物——亚里士多德对此早已作过经典区分。如果说事物政治学或宇宙政治学能够对人工物的存在方式作出合理说明的话,它显然不适用于自然物——作为非构造的、被给定的存在者。这也是为什么社会契约论思想家敢于将自然排除在政治之外的理由所在。对此,我的回答是:你原则上无法斩断人与物之间的连结,非人从未离开过政治舞台,尽管它从未出现在政治学教科书中。在论及社会契约的时候,塞尔已经发现,社会契约论默认了人与自然之间的统治与被统治关系。在政治思想家们看来,这种关系是没有问题的,无需写入契约条款。如今，这种默认关系已经成为问题，并且成为我们时代最紧迫的问题之一。因此，对于宇宙政治学而言，重要的不是政治与自然有没有关系，而是具有何种关系。所以，用自然物作为反驳政治存在论的根据难以成立。根据能动存在论和纯粹内在性原则，甚至自然物与人工物的区分本身就是成问题的。也许，自然物只是一种特殊的人工物，是被祛人工化的人工物，恰如实在。

五、认识论、存在论与政治学的统一

为了重构科学与政治观念，本书耗费了不少笔墨，走过了一条蜿蜒曲折的道路。这番研究最终有何收获？倘若用一句话总结，那就是认识论、存在论与政治学的统一。

长久以来，人们习惯于将科学与政治对立起来，柏拉图的《理想国》是这一思维范式的源头。可是，这既误解了科学，也误解了政治。就科学而言，它既不是古希腊意义上的知识，也不是现代意义上的表象。毋宁说，科学首先是一个流动的实践场。它既参与着世界的生成运动，自身又是该运动的产物。对于这种立场，我们将其概括为能动存在论。就政治而言，它不是洞穴政治，也不是权利政治。毋宁说，政治首先涉及诸异质性能动者如何共存，如何内在性地重构共同体的秩序。对于这一后人类主义的、纯粹内在性的政治观念，我借用了斯唐热的“宇宙政治”加以表述。进一步看，能动存在论与宇宙政治学指向的实际上是同一个内在性平面，即由一切相关能动者的相互作用构成的动态生成。纯粹内在性原则排斥一切超越之物，比如上帝、真理、理念，也反对一切先天的边界，比如自然/社会、主体/客体、知识/意见等。

于是，认识论、存在论与政治学成为同一个问题的不同侧面。首先，知识不再是对外部世界的客观表象，而成为诸能动者相互作用的产物。为了理解特定的知识，我们必须深入到它所在的实践场，将参与者的数量、互动机制、建构与解构的历险具体描述出来。从这个意义上说，知识不是对存在的再现，而隶属于存在本身。认识论非但不能排斥存在论，反过来应当奠基于存在论。其次，事物的存在方式不像科学实在论认为的那样是给定的、独立的。能动存在论与宇宙政治学拒绝一切先天给定的超越之物。为了理解特定的科学事实或实在，我们必须将它们的生成过程展示出来，实在无法脱离实在化的机制。借用怀特海的话说，“过程”先于“实在”。最后，无论是知识的生产还是实在的生产，都内在于宇宙政治学进程。政治不是纯粹人类共同体内部的权力较量，它涉及诸异质性能动者如何共存，关系到后人类主义共同体或者“宇宙”的秩序之构造。特定知识或事实的确立，必然伴随着共同体秩序的重构：谁被排斥在真理之外？哪些事实被指责为幻觉？如何重新分割知识与意见的边界？从这个意义上说，“宇宙政治学无处不在，尽管并非一切都是宇宙政治学的”。

强调认识论、存在论与政治学的统一，这绝不意味着在放弃正统思想的同时走上解构主义、激进主义之路。我始终强调，本书无意在知识/权力、实在/建构、科学/政治之间作出非此即彼的选择。拆解理念世界并不意味着我们只能身处洞穴；将科学与政治相提并论绝不打算将科学还原为权力和利益争斗。毋宁说，本书力图说明的恰恰是这一系列二元对立本身是何以可能的：知识与权力的边界如何被划定？实在与建构何以相互排斥？科学/政治的历史边界怎样被先天化？坚持认识论、存在论与政治学的统一无意抛弃真理，亦无意解构实在。相反，它要求我们以现实主义的眼光去审视这些宏大范畴，在内在性的基础上重构超越性。

这一刻，“上帝死了”再次回荡在我们耳畔。自从尼采宣布这则噩耗以来，人们不遗余力地用科学、真理、进步、客观性、合理性来填补上帝之死留下的空缺。可是，一旦这个超验位置本身被悬置，我们将别无选择，只能仰仗现世的力量——这就是纯粹的内在性！对于神圣性与超验性的丧失，许多人满怀伤感。但作为补偿，地狱和妖魔也将不复存在，洞穴之魔咒随之解除。

第六章　科学的政治批判与民主化构想

现在，“科学 vs 政治”已经转变为“科学作为政治”，将古典知识理念投射到现代科学的“年代学错误”得到了纠正，科学“木乃伊”恢复了生命力，认识论、存在论与政治学被统一起来。这样，借用亚里士多德的话说，科学家既不是恶人，也不是超人，而是“人”——就其在本性上隶属于城邦而言。没有救世主，也无人需要拯救；既没有超验的理念世界，也不存在阴暗潮湿的洞穴。《理想国》应当重写！

如何重写？这是我们不得不正视的问题。根据《理想国》的政治规划，哲学王的政治合法性来源于知识合理性。然而，一旦理念世界/现象世界的二元结构被拆解，统治权的合法化再也无法借助于“真理”达成。倘若科学的政治合法性无法奠基于知识合理性，同时又拒绝其他合法化努力，它势必沦为“霸权”——未经合法化或抵制合法化的力量。这正是为何 20 世纪以来科学常常与压迫、异化、工具理性、意识形态、性别歧视等联系起来的重要原因。根据宇宙政治学，科学推动着公共世界的构成，改变着异质性存在者之间的共存模式。从这个意义上说，科学内在于政治，发挥着举足轻重的政治效力。但另一方面，这股力量却不断抵制政治合法化要求，甚至从根本上否认自己具有政治属性，尽管它总是已经参与着“城邦事务”。科学家们不断争取科学之于政治的独立性与自主性，哲学家们则不遗余力地为其提供认识论辩护。作为政治的科学披着超政治的外衣偷偷摸摸地介入政治生活，这正是科学何以被斥责为霸权的重要理由，也是科学与民主在当代如此充满张力的重要理由。

如何应对上述局面？如何缓解科学与民主之间的紧张关系？在我看来，仅仅对“霸权”作无情的批判是远远不够的。这一点常常为后现代主义者、激进主义者和解构主义者所忽视。揭露科学的社会性、压迫性及其意识形态偏见固然能够对正统的科学形象发挥解毒剂的作用，但远不足以消除人们对霸权的担忧。即便科学是一种未经合法化的力量，它也实实在在地推动着公共世界的构成，参与着宇宙政治生活。因此，关键的问题不只是让人们认清科学的霸权效应，更在于为它寻找新的合法化途径：当科学不再以拯救者的姿态出现，当科学家亦须置身于城邦之中，当知识与意见处于同一个内在性平面，应如何构想一种不同于《理想国》的政治规划？

当今之世，民主政治成为人们处理公共议题的优先选择。根据民主观念，任何权力的实施都必须在受众面前赢得合法性，而不能诉诸共同体之外的超验根据，比如真理、上帝、血统等。长久以来，科学一直充当着民主的“他者”。在科学哲学家们看来，科学与政治无涉，它只关心真理问题。在政治哲学家们看来，民主与真理无涉，它只关心权力的正当性。将科学纳入民主政治之中，这在许多人看来简直荒谬至极。难道真理可以通过投票达成吗？难道要让外行公众掌控知识生产吗？因此，科学民主化对于知识的进步来说是毁灭性的。然而，这种荒谬性指责恰恰建立在荒谬的前提之上，即科学/政治、真理/权力这些过时的二元结构。前面已经论证，科学总是已经作为城邦成员参与政治进程了。因此，与所有力量一样，它理应在共同体内部赢得自己的政治合法性，而不能以超政治的姿态单方面施加强力。只有这样，科学才能真正免于霸权指责，安于内在性位置。在这一章，我将着手讨论上述议题，对科学进行政治学反思和批判，并尝试构想科学民主化的可能轮廓。

一、批判、规范性与必然性

面对科学的霸权，许多人首先想到的是批判。20世纪以来，思想家们对批判事业倾注了太多的精力：认识论批判、伦理学批判、女性主义批判、社会批判、文化批判、意识形态批判……眼下，为了重构科学的政治合法性，我着手要做的工作与之有类似之处。但在此之前应思考两个问题：究竟什么是批判？如今它依然可能吗？之所以这样提问，一是因为在我看来现有的批判概念并不令人满意，二是希望为科学的政治批判构筑新的可能性空间。

在西方思想史上，终生以批判为业的首推康德。他的主要著作均被冠以“批判”之名：《纯粹理性批判》《实践理性批判》和《判断力批判》。在《纯粹理性批判》第一版序言中，康德将自己所处的历史时期称作“批判的时代”：

> 我们的时代是真正批判的时代，一切都必须经受批判。通常，宗教凭借其神圣性，而立法凭借其权威，想逃脱批判。但这样一来，它们就激起了对自身的正当的怀疑，并无法要求别人不加伪饰的敬重，理性只会把这种敬重给予那经受得住它的自由而公开的检验的事物。[①]

以知识批判为例。所谓知识批判并不是要否定现有的知识体系，或者将它们与虚构、幻觉等同起来。毋宁说，它首先涉及的是知识的可能性条件及其合法边界。知识的可能性条件本身不可能来自

---

① 康德：《纯粹理性批判》，邓晓芒译，北京：人民出版社，2004年，Axii。

现成的知识，从这个意义上说这项工作是先验的。借助于知识的可能性条件，人们可以对现成的知识进行判断，区分出合法的知识与不合法的知识，从这个意义上说这项工作是规范的。可见，康德式的批判概念有着相当严格的规定，与一般意义上的批判有着很大的差别。

批判之为批判，必须以某种规范为基础。康德曾经严格区分事实问题(quid facti)与权利问题(quid juris)。强盗抢劫属于事实问题，该行为是否正当属于权利问题。那么，规范来自何处呢？其有效性如何保障？你可以用"任何人都不应当抢劫"作为原则对抢劫行为作出规范判断。但是，倘若无法为该原则本身奠基，上述判断将失去说服力。因此，批判包含着双重任务：第一，对特定的事实或现象作出规范判断；第二，证明该判断活动本身是正当的。换言之，批判是自我指涉的(self-referential)：批判者在批判某物的同时，必须确保自身经得住批判。[①]

近代以来，为批判提供规范性基础的是必然性观念。[②] 在康德那里，先天综合判断如何可能的问题被追溯到范畴等。知识之所以可能，是因为先天概念为它提供了形式条件。一个命题要成为客观有效的，必然以这些范畴为条件。胡塞尔认为，心理主义最荒谬的地方在于企图用偶然之物为逻辑学奠基。逻辑学是一门规范科学，把它奠定在经验心理学之上必然导致相对主义和怀疑论。[③] 与此不同，胡塞尔试图从先验意识结构出发为知识寻找先天条件。在分析哲学中，卡尔纳普也曾含蓄地采取了这种论证方式，只是他用逻辑的先天性取代了意识的先天性。一个命题是否有意义，取决于它是否符合

---

① 这无疑是相当苛刻的要求。通常，人们在从事批判的时候过于侧重消极的一面，比如揭露科学的意识形态偏见、真理的虚幻性等，但对于批判活动自身的合法性根据却着墨不多。

② 本节关于规范性与必然性的论述参考了劳斯的研究，参见 Joseph Rouse, *How Scientific Practices Matter*, Chicago: University of Chicago Press, 2002。亦可参见孟强：《规范性与必然性》，《云南社会科学》2008 年第 5 期。

③ 胡塞尔：《逻辑研究》，倪梁康译，上海：上海译文出版社，1994 年，第一卷，第六章。

逻辑句法规则。我们可以将此类必然性称作先天必然性。先天必然性包含两层含义："先天"意味着非时间的、非经验的逻辑前置；"必然"意味着任何知识、话语或命题要有意义，就必须预设这些条件。

那么，从先天必然性如何推导出规范性呢？简单地说，你之所以应该遵循这些条件，是因为你必须遵循。无论是康德、哈贝马斯还是阿佩尔（Karl-Otto Apel），都是从这个角度进行论证的。[①] 在康德看来，我们之所以应该在直观中接受时间和空间的制约，是因为必须接受，否则就不可能直观。传统形而上学之所以不是科学，正在于它逃脱了直观的形式，跨越了知识的可能性边界。哈贝马斯认为，我们之所以要遵循真诚性、真实性等有效性要求，是因为为了交往必须如此："交往行动者被置于具有一种弱的先验力量的'必须'之下。"[②]在先验语用学（transcendental pragmatics）范围内，阿佩尔对先天必然性作了如下说明：

> 一方面，在论辩中，如果不实际上产生语用自相矛盾（performative self-contradiction）就无法对一个预设提出挑战，另一方面，如果不在形式逻辑内窃取论题（petitio principii）就无法对它进行演绎性奠基，那么该预设便属于你必然总是（已经）接受的论辩的先验一语用学预设——如果论辩的语言游戏要意义的话。[③]

诉诸先天必然性的确可以为规范性奠基，而且这代表着古典哲学家的终极性与基础性诉求。然而，这种做法在当代遭到了诸多挑

---

① 更细致的研究参见盛晓明：《话语规则与知识基础》，上海：学林出版社，2000 年。

② 哈贝马斯：《在事实与规范之间》，童世骏译，北京：生活·读书·新知三联书店，2003 年，第 6 页。

③ Karl-Otto Apel, "The Problem of Philosophical Foundations in Light of a Transcendental Pragmatics of Language." in Kenneth Baynes et al., eds., *After Philosophy: End or Transformation?* Cambridge: The MIT Press, 1996, p. 277.

战。在英美哲学界，奎因对“两个教条”的批判使得一切先验哲学成了问题，先天性被取消，自然主义再次成为合理的出路。在欧陆哲学界，海德格尔、梅洛-庞蒂、伽达默尔等一反胡塞尔的先验哲学立场，把对此在的日常分析置于哲学舞台的中心。在科学哲学领域，库恩的《科学革命的结构》标志着逻辑的先天性让位于范式的历史性。在这样的背景下，规范性的奠基方式随之发生了转换，后天必然性逐渐取代了先天必然性。

后天必然性可分为因果必然性和文化必然性。因果必然性的奠基策略主要体现在自然主义者那里。在英美学界，自然主义的影响日趋广泛。正如基彻尔(Philip Kitcher)所说，当代自然主义的复兴不仅与认识论自身遇到的难题有关，与当代哲学的宏观处境有关，更与自然科学的急速发展紧密联系。[①] 由认知心理学、神经科学、人工智能等构成的学科群为研究人的认知机制提供了强有力的分析资源。许多人批评自然主义排斥规范性，这是误解。自然主义试图以新的方式为规范性奠基，即诉诸因果必然性。简单地说，作为处于当下进化阶段的物种来说，人必然具有如此这般的心理和生理机制，后者决定了什么样的认知结果是可能的，怎样的话语是有意义的。逻辑上说，因果必然性并不必然，因为完全可以设想另一种可能的心理生理机制而不自相矛盾。然而，从自然科学的角度看，人类现阶段所具备的如此这般的机制是不可逾越的。

除了因果必然性，后天必然性还有一种截然不同的形式，即历史必然性或社会必然性。与自然主义者不同，有些思想家试图从历史文化的角度出发，把规范问题历史化。[②] 解释学告诉我们，人总是已经被抛到这个世界上来，总是已经处于特定的解释学情境之中，这是

---

① Philip Kitcher, "The Naturalists Return." *The Philosophical Review*, 101(1), 1992, p. 61.

② Joseph Rouse, *How Scientific Practices Matter*, Chicago: University of Chicago Press, 2002, pp. 7-9.

人之为人必须接受的。你所在的社会历史条件不仅规定了你是谁，而且规定了你能够获得怎样的思想资源和行动资源。在维特根斯坦看来，参与语言游戏必须遵守游戏规则，否则就不是合格的参与者。库恩告诉我们，如果你想成为一名科学家，就必须接受既定的范式，在范式之外从事科学是不可能的。《科学革命的结构》以相当冷酷的口吻表达出范式的必然性和强制性："在整个专业共同体都已改宗后，那些继续抗拒下去的人事实上已不再是科学家了。"[①]

通过上述粗线条的叙述可以发现，批判事业并不像人们通常想象的那样轻而易举。一方面，它要求对特定对象作出规范性判断；另一方面，它应当对规范本身进行辩护，而这种辩护常常诉诸必然性。现实中，人们过于草率地对某一理论、事物或现象提出批判，试图揭露隐藏其中的偏见、幻觉、意识形态或欺诈。可是，倘若不事先确定何谓真相、实在或本质，上述判断本身将失去说服力：不预设真，何以判断某物为假？不预设真相，何以判断某物是幻相？

表面上看，将规范性奠基于必然性是合乎情理的，后者可以确保作为批判基础的规范免遭怀疑。然而，这一策略的最大困境在于规范效力问题。根据劳斯的分析，规范性议题分为两个层次：规范权威(normative authority)与规范效力(normative force)。求助于必然性可以确保规范的权威性，却无法为规范效力提供担保。所谓规范权威，是指某一规范自身的根据是否充分，能否抵制怀疑或解构。所谓规范效力可以这样理解，在具体情境中规范能否以及如何对实践构成约束。这一区分十分关键，因为大多数思想家致力于论证规范的权威性而忽视了效力问题。举一个众所周知的例子，波普尔的证伪主义作为科学认知规范在逻辑上无可指摘，却无法对现实的科学实践构成约束，最终流于空洞。对此，劳斯称为"显明必然性"(manifest

① 库恩：《科学革命的结构》，金吾伦、胡新和译，北京：北京大学出版社，2003年，第143页。

necessity)问题：

> 问题是这样的：任何将规范性奠基于必然性的尝试必须能够同时说明，所谓的必然性既是权威性的，又能对位于物质世界和历史之中的行动者构成约束。正如海德格尔和纽拉特正确指出的那样，这个问题不是认识论问题，而是存在论问题。症结不在于我们也许无法知晓什么是必然的，或者什么不是必然的，而在于所谓的必然性与它要说明其规范性的行为之间不存在有效的联系。因此，诉诸必然性可以说明规范权威，但以牺牲规范效力为代价。①

简单地说，必然性即便是必然的，其具体显现本身也不必然。以自然主义为例，诉诸因果必然性可以为规范性奠基，但因果必然性恰恰是通过并不必然的科学实践呈现出来的，因而总是可争议、可修正的。以库恩为例，即便范式对于特定的科学共同体具有必然性，其内容和意义总是有待解释的，科学家们总是有可能偏离范式，否则"科学革命"将变得不可理解。诚如劳斯所言，显明必然性问题不是认识论的，而是存在论的。能否知道 X 是必然的，能否为此作出辩护，这属于认识论范畴。此时，你无需考虑特定的情境，可以置身于某一超越性位置。然而，一旦涉及规范效力，你就必须将自己重新情境化，寻找规范与有待规范的实践之间的联系通道。以往，哲学家们对批判与规范性的研究常常侧重于认识论层面，即致力于寻找能够抵御怀疑论的终极根据或基础。对于规范的效力问题，缺乏足够的关注。

显明必然性问题暴露出将规范性奠基于必然性所面临的困境，维特根斯坦关于遵守规则的思考进一步证明这一困境几乎是不可克

① Joseph Rouse, *How Scientific Practices Matter*, Chicago: University of Chicago Press, 2002, pp. 13-14.

服的。在《哲学研究》中,维特根斯坦讨论了规则与行为之间的关系,第一章已有所提及。任何游戏都需要规则,语言游戏也不例外。问题是,遵守规则是怎么回事?规则主义(regulism)认为,行为是否得当取决于明确的规则。这种解释会导致无穷倒退,理由在于:明确的规则如果要决定特定的行为,就需要被正确应用于特定的场合,而判定规则应用是否正确又需要诉诸另一条规则,如此以至无穷。这并不意味着游戏参与者可以为所欲为,而是说诉诸确定的规则不足以对游戏行为作出说明。有些人主张,既然规则主义走不通,可以把行为看作是规则的展示。某一行为当且仅当与特定的模式或秩序相一致,便可以认为是遵守规则的,这就是所谓的有序主义(regularism)。有序主义能够避免规则主义的无穷倒退,因为其中并不涉及规则的应用。然而,它会带来新的难题,即"不正当划分问题"(the gerrymandering problem):任何有限的一组行为,总是有可能与众多相互冲突的模式或秩序一致,因而无法判定下一步行为是否符合既定的规则。维特根斯坦说道:

> 没有什么行为进程可以为某个规则所决定,因为任何行为进程都可以弄得符合这个规则……如果任何东西都可以弄得与这个规则相一致,那么也可以弄得与它相冲突。[①]

维特根斯坦的意思很清楚:倘若规范外在于游戏行为,不管它是必然的还是偶然的,你都无法解释规范与有待规范的行为之间的关系。

回到批判概念。如前所述,批判是一个自我指涉的概念,它一方面对特定对象作出规范性判断,同时要为规范本身奠基。传统上,这种奠基方式是诉诸必然性。显明必然性问题与维特根斯坦论遵守规

---

① 维特根斯坦:《哲学研究》,李步楼译,北京:商务印书馆,1996年,§201。

则表明，这样做尽管可以确保规范的权威性，却以丧失规范效力为代价，最终可能流于空洞。它满足了认识论要求，却丧失了存在论根基，而这恰恰有违批判的本性。批判之为批判源于对现实的不满，并期望借助规范性来改造和规整现实。然而，奠基于必然性的批判概念只能说明规范的权威性，无法解释规范的效力。借用马克思的话说，“批判的武器”无助于“改造世界”。[①] 问题出在哪里？

在《纯粹理性批判》第一版序言中，康德将批判事业比作法庭审判：“对于一切无根据的非分要求，不是通过强制命令，而是能按照理性的永恒不变的法则来处理，这个法庭不是别的，正是纯粹理性的批判。”[②]在康德看来，先验批判扮演着法官的角色，它有权对一切事物作出合法性裁决。但是，法官的权威源自何处？显然，它不可能来自批判对象，只能来自自身。换言之，法官之为法官是自封的。对此，塞尔抱怨道：“批判者的终极目标是要逃脱所有可能的批判，要超越批判。”[③]这就是为什么批判哲学总是诉诸必然性，因为后者隐含的意思是超越批判、抵制怀疑。然而，恰恰是法官这一角色本身是成问题的。能动存在论与宇宙政治学宣称，不存在超越生成的非生成者，一切活动均处于流动的内在性平面。康德以降的批判事业试图将自身与批判对象严格区分开来，希望超越流动的生成，斩断自身与异质性能动者之间的复杂互动，并以必然性的名义为生成强行施加某种规则、理念、目的或蓝图。这既违背了纯粹内在性原则，又带来了显明必然性困境。

科学的政治批判不应延续上述批判观念。否则，不仅有违能动存在论的精神，而且无助于改变科学的霸权现状，难以为重写《理想

---

① 应区分规范判断的内容与规范判断的行为。奠基于必然性的批判概念满足了认识论要求，却无法在存在论层面产生效力。但是，判断行为或批判活动本身总是处于特定的情境中，它能够通过内容的言说而发挥效力。

② 康德：《纯粹理性批判》，邓晓芒译，北京：人民出版社，2004年，Axii。

③ Michel Serres and Bruno Latour, *Conversations on Science, Culture, and Time*, trans. Roxanne Lapidus, Ann Arbor: University of Michigan Press, 1995, p. 133.

国》提供指导。根据纯粹内在性原则，科学的政治批判本身不应外在于批判对象，它无法摆脱与异质性能动者之间的相互作用，批判行为与批判对象处于同一个内在性平面。科学的政治批判不应诉诸必然性观念，不管是先天的还是后天的，也不应为科学实践场强行施加某种规则、理念或规划，应当从康德式的先验批判转向参与性批判！

可是，倘若放弃法官角色及规范性基础，批判依然可能吗？批判可以是参与性的吗？这究竟是“批判的改造”还是“批判的终结”？

二、参与性批判——福柯论抵抗

在许多人看来，撤销基础、解散法庭、驱逐法官，这无疑意味着批判的终结。[①] 倘若批判自身无法抵抗怀疑，它所作的规范判断将失去根据，无法满足认识论要求，难以确保权威性。然而，康德式的先验批判并不是唯一的批判概念，拒绝它并不等于放弃整个批判事业。福柯为我们提供了另一种批判概念，即参与性批判。

20世纪70年代以后，福柯有意识地回归启蒙，这特别表现在他屡次提及康德的著名文本——《什么是启蒙？》，并将自己的考古学和谱系学工作视为康德传统的延续。这让许多人惊讶不已，毕竟福柯被推举为后现代主义的急先锋，而康德却是现代性的伟大奠基人。譬如，哈贝马斯一度将福柯列入后现代主义阵营，但在读到《什么是启蒙》时感到十分震惊。[②] 福柯对康德与启蒙的态度确实发生过转变，这里暂且不论。我们关心的是，福柯何以能够将自己与启蒙联系

① Michel Serres and Bruno Latour, *Conversations on Science, Culture, and Time*, trans. Roxanne Lapidus, Ann Arbor: University of Michigan Press, 1995, pp. 125-166. Bruno Latour, "Why Has Critique Run out of Stream? From Matters of Fact to Matters of Concern." *Critical Inquiry*, 30(2), 2004.

② Jürgen Habermas, "Taking Aim at the Heart of the Present: On Foucault's Lecture on Kant's What is Enlightenment?" in Michael Kelly, ed., *Critique and Power: Recasting the Foucault/Habermas Debate*, Cambridge: The MIT Press, 1994, p. 150.

起来？究竟什么是启蒙？

> 将我们与启蒙联系在一起的线索不是忠实于教条，而是一种态度的永恒复活，也就是一种哲学气质，可以将其表述为对我们的历史时代的永恒批判。[1]

显然，作为启蒙哲学气质的永恒批判与康德紧密相关。那么，在福柯眼里，康德的批判观念究竟是什么？

> 对我而言，康德似乎奠定了两种伟大的批判传统，现代哲学由此被分割开来。我们说，康德在伟大的批判工作中为这种哲学传统奠定了基础，它提出了真理性知识的可能性条件问题。在此基础上，可以说19世纪以来的整个现代哲学轮廓被呈现出来，并发展成为真理分析论。
>
> 但是，在现代和当代哲学中还存在另一类问题，另一种批判性质询：我们看到，它恰恰表现在（康德的）启蒙追问或论革命的文本中。该批判传统提出了如下问题：我们的当下是什么？当下的可能经验领域是什么？这不是真理分析论；它关涉的或许可称之为当下的存在论，我们自己的存在论。对我而言，我们今天面临的哲学选择是：你可以选择作为一般真理分析哲学的批判哲学，或者选择这样的批判思想，它采取了我们自己的存在论，当下的存在论的形式。[2]

---

① Michel Foucault, *The Foucault Reader*, ed. Paul Rabinow, New York: Pantheon, 1984, p. 42.

② Michel Foucault, "The Art of Telling the Truth." in Michael Kelly, ed., *Critique and Power: Recasting the Foucault/Habermas Debate*, Cambridge: The MIT Press, 1994, pp. 147-148.

在此，福柯对两种批判观念作了关键性区分，并认为两者均源于康德。第一种批判是认识论的，主要表现在《纯粹理性批判》中。它处理的首要问题是知识的合法性，这构成了康德之后现代哲学的基本形态。在福柯看来，这样的批判概念过于理想。权力无所不在，渗透到一切关系中，甚至知识与真理也不例外。奠基于规范性的权力批判和意识形态批判误以为自己可以摆脱权力之网，可以站在权力之外批判权力。因此之故，福柯对哈贝马斯的"理想的交往共同体"评论道："可能存在这样的交往状态，它将使真理的游戏自由地流动，没有任何限制或强制效果，这样的想法对我而言无异于乌托邦。"[①]

于是，他从康德那里发掘、毋宁说发明了第二种批判观念，它"处理启蒙问题的切入点不是知识问题，而是权力问题"。[②] 福柯认为，这一被长期忽视的批判路线主要体现在康德关于启蒙和法国大革命的文本中。它不再采取真理分析论的形式，无意追寻普遍必然的规范性基础，而将焦点从认识论转向存在论——"我们自己的历史存在论"：

> 这带来一个明显的后果：批判的实施不再追求具有普遍价值的形式结构，而成为对事件的历史探究，正是这些事件促使我们构成我们自己，促使我们将自己看作我们之所做、所想和所说的主体。从这个意义上说，这种批判不是先验的，它的目标不是使得形而上学成为可能：它在设计上是谱系学的，在方法上是考古学的。[③]

---

① Michel Foucault, *Foucault Live* (*Interviews*, 1961－1984), ed. Sylvere Lotringer, New York: Semiotext(e), 1996, p. 446.

② 福柯：《什么是批判?》，载詹姆斯·施密特编：《启蒙运动与现代性》，徐向东等译，上海：上海人民出版社，2005年，第397页。

③ Michel Foucault, *The Foucault Reader*, ed. Paul Rabinow, New York: Pantheon, 1984, pp. 45-46.

以权力为切入点的批判关注的根本问题不是知识而是存在。第四章已指出，权力首先是一个形而上学概念，代表着异质性能动者之间的相互作用。以权力为切入点的批判本质上是存在论的，它针对的是我们当下的存在方式，“我们自己的历史存在论”。必须指出，第一种批判概念采取的是理论态度，它试图将世界对象化，并将自身视为超越者或中立者。第二种批判采取的是实践态度，这意味着批判活动内在于批判对象，并借此推动着批判对象的重构。比如，康德对启蒙的反思绝不是客观化的、中立的，因为他本人正处在这一历史时期。关于启蒙的哲学话语恰恰隶属于启蒙，对启蒙进行反思的哲学家本人同时是当下发生的启蒙运动的参与者。如此一来，批判不再采取先验立场，而是自觉地置身于批判对象之中，并通过反思和批判而改变着对象的存在方式以及自我的存在方式。这是一种实践性的、参与性的批判。

在福柯的文本中，“抵抗”(resistance)最为鲜明地体现了这种批判形态。“权力无所不在”，这对于福柯派已属老生常谈。但另一方面，哪里有权力，哪里就有抵抗：“在权力关系中必然存在抵抗的可能性，因为如果没有抵抗的可能(能扭转局面的暴力抵抗、逃逸、诡计、策略)，根本不存在权力关系。”[①]什么是抵抗？按照通常的理解，抵抗是对权力的拒绝、否定或逃避。但是，这显然有违福柯的本意。既然权力无所不在，你怎么能说抵抗外在于权力呢？甚至，根据福柯的权力形而上学，任何逃脱权力之网的企图都是不可想象的，除非你想避开生成，超越内在性平面，从而将自己置于“非存在”的境地。因此，抵抗绝不是在权力之外对抗权力，而是在权力内部改变既定的权力关系。抵抗概念放弃了规范性和理想性诉求，“对于权力来说，不存

---

① Michel Foucault, *Foucault Live* (*Interviews*, 1961—1984), ed. Sylvere Lotringer, New York: Semiotext(e), 1996, p. 441.

在一个根本拒绝的基地”。[①] 更有甚者，寻求基地的做法本身隐藏着危险：“事实上，根据经验我们知道，要求逃离当代现实体系，以便制定出有关另一个社会、另一种思维方式、另一种文化、另一个世界观的完整方案，只能导致最危险传统的复辟。”[②]

然而，作为参与性批判的抵抗概念遭到了包括哈贝马斯、弗雷泽(Nancy Fraser)在内的哲学家的一致批评。其中，弗雷泽的看法颇具代表性：

> 为什么应该反抗？为什么斗争优于屈服，而暴政理应遭到反抗？只有通过引入某种规范观念，福柯才有可能回答这些问题，才有可能告诉我们现代权力/知识政体的缺陷何在，我们为什么应该反抗它。[③]

在《现代性的哲学话语》中，哈贝马斯提出了类似批评。在哈贝马斯看来，福柯的权力理论有三个缺陷：“在场主义”(presentism)、“相对主义”和“偷偷摸摸的规范主义”(cryptonomativism)。[④] 在场主义无法确保权力分析的客观性，权力分析的语境依赖导致了相对主义，抵抗则要求规范性基础。

这些批评揭示了抵抗的核心特征，即放弃规范性基础。所不同的是，哈贝马斯与弗雷泽等人坚称批判不可能离开规范性，而福柯则自觉地远离规范与理想。正如前一节所说，将批判奠基于必然性可以满足认识论要求，却以牺牲规范效力为代价。相反，作为参与性批判的抵抗概念能够确保规范效力，却无法满足认识论要求。它之所

---

① 福柯：《性经验史》，佘碧平译，上海：上海人民出版社，2000 年，第 69 页。

② Michel Foucault, *The Foucault Reader*, ed. Paul Rabinow, New York: Pantheon, 1984, p. 46.

③ 弗雷泽：《福柯论现代权力》，载汪民安等编：《福柯的面孔》，北京：文化艺术出版社，2001 年，第 137 页。

④ 哈贝马斯：《现代性的哲学话语》，曹卫东等译，南京：译林出版社，2004 年，第 325 页。

以能够确保规范效力，是因为批判本身内在于批判对象，二者处于同一个内在性平面，批判活动与批判对象之间存在直接的相互作用。它之所以无法满足认识论要求，是因为批判自身丧失了基础，无法抵制怀疑论和相对主义的指责，正如哈贝马斯对福柯的批评所表明的那样。

问题在于，对抵抗或者参与性批判提出上述认识论要求是否公允？在福柯看来，以权力为切入点的批判事业是存在论的而非认识论的。它关注的问题是：我们当下的存在方式是什么，它是如何通过权力的运作而被历史性构成的，怎样改变当下的存在状态等。批判就是权力，而且正因为它是权力，才能批判权力。从这个意义上说，作为参与性批判的抵抗实质上是权力的自我批判。任何新权力的引入都是对原有权力之网的改造、强化或弱化。任何新机制或新策略的产生，都将改变权力关系的结构和效果，进而改变当下的存在方式。这种批判与怀疑论、相对主义毫无关系，因为它并不诉诸任何确定的基础或者普遍有效的准则。它的目标在于拒绝现在、改变当下，而不是建立无可置疑的真理或者认知形式。

我主张，科学的政治批判应当采纳福柯式的参与性批判。一方面，纯粹内在性原则拒绝一切超越立场，任何诉诸必然性而试图回避生成的做法都是不适当的，批判活动必须与批判对象一样自觉地置身于流动的生成过程。另一方面，只有通过参与性批判，才能现实地改变科学的存在方式，避免霸权后果。进一步说，参与性批判概念还有望为科学民主化提供一条令人信服的理论通道。

《理想国》的政治规划是不可取的。但是，有人会反问道，既然科学的政治合法化不应奠基于任何超越性理念，你何以能够倡导科学民主化，难道民主不是另一种理念吗？如果柏拉图参照知识理念的做法不可取，以民主理念为指导同样不可取。这些问题提醒我们，应该重新审视民主观念。

三、以议题为导向的民主

民主理论有着悠久的历史传统，最早可以追溯到古希腊的城邦政治。随着近现代政治思想的演进，出现了形态各异的民主观念，相应的民主理论可谓异彩纷呈。所以，全面梳理民主思想史显然是不现实的，这远远超出了作者的能力范围。接下来，我打算将论域限定在“科学与民主”范围内，并力图说明：第一，在当代科学政治学研究中，民主概念尚未得到严肃的反思；第二，与科学技术相适应的民主形态是“以议题为导向的民主”(issue-oriented democracy，IOD)；第三，IOD 与参与性批判具有内在一致性。

有关科学与民主政治的研究并非新生事物，它在 20 世纪 40 年代贝尔纳与波兰尼关于“规划科学”的论战中已初露端倪。大卫·艾杰(David Edge)在 1995 年版《科学技术论手册》中指出，对于 20 世纪 60 年代兴起的科学技术论(STS)而言，民主是重要推动力：“在越南战争以及同时发生的民权运动、女权运动和环保运动的影响下，探索科学民主化的可能性成为一项迫切的要求。”[①]在后续发展中，STS 始终对这一主题保持着较高的关注度。与波兰尼所处的历史时期不同，如今与科学技术相关的政治议题早已列入民主议程。因此，科学是否应当民主化已不再成为问题，答案显而易见，关键在于如何民主化。对此，研究者们大体上提出了两套方案——第三章已有所提及：第一套方案是将科学技术议题纳入到现行的民主机制内加以处理，比如成立技术评估办公室；第二套方案是将现行的民主机制移植到发生科学技术争议的场合，比如发起共识会议。[②] 围绕这两条看似相

---

① 艾杰：《STS：回顾与展望》，载贾萨诺夫等编：《科学技术论手册》，盛晓明等译，北京：北京理工大学出版社，2004 年，第 11 页。

② Gerard de Vries，“What is Political in Sub-politics? How Aristotle Might Help STS.”*Social Studies of Science*，37(5)，2007，pp. 782-783.

反的路线，研究者们做了大量的工作，取得了一系列成果。[①]

尽管如此，有一些核心议题并没有得到严肃对待：在探究科学民主化时，是否有必要对现行的民主概念进行重构？它与科学相容吗？科学技术实践对现代民主概念是否提出了挑战？让我们回顾一下第三章的内容。那里曾经提出，科学政治学绝不是简单地将科学纳入政治之中，因为后者继承了科学/政治的思想传统，建立在自然/社会的二元存在论之上。倘若不对政治概念进行批判性重构，科学政治学的提法本身将是自相矛盾的。为此，我借助于斯唐热的工作将“洞穴政治”改造为“宇宙政治学”。眼下，科学民主化研究一方面广泛吸取 20 世纪 70 年代以来科学论的成果，另一方面却过于草率地沿袭了现成的民主概念，后者恰恰植根于近代政治传统。这一局面甚至使得问题的提法本身极具误导性。例如，在《科学论的第三波》一文开篇，科林斯（Harry Collins）与伊万斯（Robert Evans）问道：

> 公共领域中的技术决策近期正在成为社会科学的栖居地。可以相当简明地将问题表述如下：公共领域中技术决策的政治合法性应该参照最广泛的民主进程来实现最大化，还是说这些决策应当基于最优的专家意见？第一项选择将带来技术停滞的风险，而第二项选择将招致大众的敌意。[②]

在他们眼中，专家知识与民主政治是两个截然不同的范畴，这导致技术决策无法同时满足知识合理性要求与政治合法性要求：你或者确保决策的知识合理性而承担政治非法性的风险，或者确保政治

① 囿于篇幅，这里不打算对相关成果进行介绍。值得注意的是，当前有关科学民主化的研究更多地集中于制度设计层面，而本书更加侧重认识论与存在论层面。

② Harry Collins and Robert Evans, “The Third Wave of Science Studies: Studies of Expertise and Experience,” *Social Studies of Science*, 32(2), 2002, pp. 235-236.

合法性而承担知识非理性的风险。然而，正如贾萨诺夫严厉批评的那样，科林斯和伊万斯提出了一个错误的二元对立，“不能采用这种简单的非此即彼的方式来表述问题”。[①] 换句话说，在探究科学技术民主化的过程中，知识/权力、真理/政治不应该作为理所当然的出发点。对此，前面的章节已经作了细致讨论。眼下的任务是寻找一种与宇宙政治学和能动存在论相适应的民主概念，它不仅能够容纳科学技术实践，而且有望为科学的政治合法化提供根据。下面，让我们把注意力转向麦瑞斯(Noortje Marres)，她对20世纪20年代李普曼与杜威之争的重新解读颇具借鉴意义。[②]

严格说来，李普曼与杜威之间并未发生过争论。1922年和1925年，李普曼先后出版《公众舆论》(*Public Opinion*)和《幻影公众》(*The Phantom Public*)。相应地，杜威在《新共和》(*New Republic*)发表了两篇书评，1927年又出版了《公众及其问题》(*The Public and Its Problems*)。在这些文字中，杜威对李普曼提出的问题及其解决方案表达了自己的看法。但李普曼并未作出回应，没有与杜威展开直接的对话或交锋。在政治学和传播学界，这场“争论”在很大程度上被视为专家治国论(technocracy)与参与式民主(participatory democracy)的较量。在麦瑞斯看来，这一定论不无道理，而且有充足的文献支持。但是，它低估了李普曼与杜威的相似性：

> 我想表明，杜威与李普曼不仅对美国民主的现状作出了一致的判断，而且对现代民主理论的批评也惊人地相似。

---

① Sheila Jasanoff, "Breaking the Waves in Science Studies." *Social Studies of Science*, 33(3), 2003, p. 398.

② 参见 Noortje Marres, *No Issue, No Public: Democratic Deficits after the Displacement of Politics*, Doctoral Dissertation, Universiteit van Amsterdam, 2005; "Issues Spark a Public into Being." in Bruno Latour and Peter Weibel, eds., *Making Things Public: Atmospheres of Democracy*, Cambridge: The MIT Press, 2005, pp. 208-217; "The Issues Deserve More Credit." *Social Studies of Science*, 37(5), 2007.

> 李普曼与杜威在各自著作中对据以判断现存民主的标准提出了质疑，在此过程中他们作出了类似论证。而且，基于上述批评，这两位作者着手提出替代性的政治民主概念，后者在许多方面是相似的。[1]

20世纪初，随着铁路、电报、打字机等新兴技术的出现，随着产业经济的突飞猛进，随着知识的专业化和精细化，美国俨然迈入了所谓的“大社会”(Great Society)。“大社会”这个词来自李普曼的老师，英国政治科学家华莱士(Graham Wallas)。杜威有时亦称之为“机器时代”(the machine age)或“人类关系的新时代”(the new age of human relationships)。今天看来，这实在不值得大惊小怪。计算机、通信卫星、无线网络、人工智能、遗传工程、生物技术、信息革命……所有这一切远非杜威和李普曼所能想象，并大大超出了“大社会”或“机器时代”的涵盖范围。在李普曼和杜威看来，正是这些前所未有的境遇向现代民主政治提出了挑战。为什么?

与18世纪相比，20世纪的公共事务和政治议题的复杂性、专门化、精细化和异质性前所未有。理解政治事务不仅需要耗费大量的精力，而且应具备相当程度的专业知识。对此，普通公众显然无法胜任。他们的时间有限，兴趣各不相同。即便是专家，也没有能力对专业之外的问题掌握充足的信息。于是，越来越多的公共事务交由职业政治家和政府机构处理，公众逐渐成了旁观者。结果，人们似乎“生活在一个他们无法明白、理解和掌控的世界”。[2] 这样，现代民主政体便陷入悖谬：一方面它宣称是民主的，政治决策应当遵从公众意见；另一方面，政治事务的上述特征却将公众边缘化，后者离决策中

---

① Noortje Marres, *No Issue, No Public: Democratic Deficits after the Displacement of Politics*, Doctoral Dissertation, Universiteit van Amsterdam, 2005, p. 38.

② Walter Lippmann, *The Phantom Public*, New Brunswick: Transaction Publishers, 1993, p. 4.

心越来越远。李普曼不无遗憾地宣称，公众逐渐沦为“幻影”(phantom)，一个纯粹的抽象。在《公众及其问题》中杜威以类似的口气问道：

> 官员们理应代表的公众在哪里？它何以不纯粹是个地理名词或官方名号？美国，俄亥俄州或纽约州，这个国家和那个城市？公众是否纯粹是一位愤世嫉俗的外交官曾经对意大利的称呼——地理名词？①

这一困境不仅存在于20世纪初的大社会，在技术科学时代有愈演愈烈之势。当前，公共事务的复杂性、不确定性、专业化程度以及影响力范围远远超越了大社会或机器时代。从这个角度说，重温李普曼与杜威之争并非纯粹出于思想史旨趣，它与我们的现实境况直接相关。值得注意的是，上述困境绝不单单是信息或知识缺失问题，“李普曼与杜威并没有接受这样的诊断，即技术社会中的民主问题是信息的质量、组织和呈现问题”。② 李普曼将矛头指向现代民主概念本身：

> 大概是受到让·雅克·卢梭的影响，他们(民主政治哲学家)把目光投向了未受玷污的偏远乡村。他们产生了足够的自信，认为民主理想就在故乡。杰斐逊尤其感受到了这一点，杰斐逊比任何人都系统地阐述了美国的民主形象

① John Dewey, *The Later Works*, 1925 — 1953, *Volume* 2, Carbondale: Southern Illinois University Press, 1984, p. 308. 显然，杜威接受了李普曼对民主之现状的判断，以至于《公众及其问题》第四章的标题“公众的消隐”(the eclipse of the public)与“幻影公众”几无二致。

② Noortje Marres, "Issues Spark a Public into Being." in Bruno Latour and Peter Weibel, eds., *Making Things Public: Atmospheres of Democracy*, Cambridge: The MIT Press, 2005, p. 211.

……置身于马萨诸塞和弗吉尼亚的农业共同体，如果把奴隶问题忽略不计，你就会亲眼看到什么是民主的形象。[①]

在《公众及其问题》中杜威表达了类似看法："美国的民主政体成长于真正的共同体生活，即地方和小型的社团，这里的产业主要是农业，生产主要靠手工工具。"[②]在诸如乡村之类的"自足共同体"(self-contained community)中，人数有限，成员之间彼此熟悉，文化背景相似，公共事务相对简单，事件的因果链条易于追溯。在此情境中，公民对于公共事务具备天然的理解力，易于形成明确的意见，以公共意见为基础进行民主决策是切实可行的。据此，民主思想家们不自觉地作出了"全能公民"(omnicompetent citizen)假定：公众有能力理解一切公共事务。然而，在大社会，上述假定遭到了前所未有的挑战。正如李普曼所说，全能公民是"一个无法实现的理想，就像一个胖子想成为芭蕾舞演员一样糟糕"。[③] 对此，《公众舆论》和《幻影公众》作了细致讨论，这里不拟详述。

全能公民假定暴露出了现代民主的致命弱点，麦瑞斯称之为"对象的缺失"。第三章曾指出，近代以来的政治概念是人类主义的，它首先关涉人类共同体内部的权力分配及其合法性。据此，重要的是如何协调主体间的不同意见、意志、利益、权利、偏好等。至于政治的对象，即关于什么的利益、偏好或意见，从未进入政治哲学的视域："对象，即政治所关涉的实践事物，被认为在民主中根本不起作用。"[④]

---

① 李普曼：《公众舆论》，阎克文等译，上海：上海人民出版社，2002 年，第 214-215 页。

② John Dewey, *The Later Works*, 1925 — 1953, *Volume* 2, Carbondale: Southern Illinois University Press, 1984, p. 304.

③ Walter Lippmann, *The Phantom Public*, New Brunswick: Transaction Publishers, 1993, p. 29.

④ Noortje Marres, "Issues Spark a Public into Being." in Bruno Latour and Peter Weibel, eds., *Making Things Public: Atmospheres of Democracy*, Cambridge: The MIT Press, 2005, p. 208.

宇宙政治学突破了自然/社会的二元论，坚持后人类主义的政治概念，主张将人与物同等地作为政治共同体的成员。这意味着物不再外在于政治，它对政治具有构成性意义，“什么的政治”(politics of what)与“谁的政治”(politics of who)具有同等重要的地位。[①] 从这个意义上说，李普曼和杜威对现代民主的批评与宇宙政治学是一致的。民主不仅关涉主体，而且关涉对象。现代民主政治的全能公民形象意味着对象是不成问题的，关键在于公众关于对象有什么意见以及如何协调不同意见。但是，在大社会中，对象恰恰成了问题，公众有时甚至对公共事物一无所知，无法形成确定的意见。在此情境下，现代民主变得岌岌可危，因为将公众边缘化和抽象化的政治绝不可能是民主政治。

李普曼与杜威是如何应对上述困境的？大多数研究者指出，李普曼对民主深感失望并转向了专家治国论，杜威则坚持参与主义的民主概念，认为“治疗民主的药方是更加民主”。[②] 譬如，在《杜威与美国民主》中威斯布鲁克(Robert Westbrook)说道：“杜威利用了李普曼对民主困境的描述和解释，却否定了李普曼的解决方案。”[③]对此，麦瑞斯作出了与众不同的解读：

> 李普曼/杜威之争常常被看作专家治国论的支持者与参与式民主的捍卫者之间的交锋。强调他们的政治哲学之间的差别当然没有错，但这往往低估了他们的主张之间的相似性。李普曼和杜威均认为，民主政治涉及特定的议题

① 这两个词来自莫尔，参见 Annemarie Mol, *The Body Multiple: Ontology in Medical Practices*, Durham: Duke University Press, 2002, chap. 6.

② John Dewey, *The Later Works*, 1925 — 1953, *Volume* 2, Carbondale: Southern Illinois University Press, 1984, p. 327.

③ 威斯布鲁克：《杜威与美国民主》，王红欣译，北京：北京大学出版社，2009 年，第 311 页。

构成实践(practice of issue formation)。[①]

对于民主,李普曼的态度显得模棱两可。在《公众舆论》中,李普曼倾向于放弃民主政治,提倡专家治国论。既然公众难以理解复杂的政治事务,决策就不应参照公众意见,而应该以专家知识为准绳。“如果对现代环境中公众舆论和民主理论的这些分析可以成立,那么我认为必然会得出这类情报工作乃救治良方这一结论。”[②]在《幻影公众》中,李普曼的立场所有缓和。他没有全盘否定民主,而是尝试修正民主。[③] 这里的核心问题是,如何重构政治决策与公众之间的关系,以使得公众从抽象走向具体,由幻影化为现实。李普曼的思路是,公众因议题(issue)而存在。

> 世界持续运行着,并未接受来自公众舆论的有意识指导。在某些关节点上,问题出现了。公众舆论关心的恰恰是这些问题导致的危机。而且,它处理危机的目标是帮助缓解危机。[④]

在李普曼看来,常规政治问题经由常规政治机制处理,这一进程无所谓民主。此时,公众是退隐的、抽象的,类似于旁观者——定期投票除外。然而,当某一政治议题无法通过常规机制得到解决,与该议题相关的群体便走向前台。“当直接负责的政党无法做出调整时,

---

① Noortje Marres,“The Issues Deserve More Credit.”*Social Studies of Science*,37(5),2007,p. 766.

② 李普曼:《公众舆论》,阎克文等译,上海:上海人民出版社,2002年,第309页。

③ 杜威在评论《幻影公众》的时候明确谈道,“这本书所反对的不是民主,而是某一民主理论”。参见 John Dewey, *The Later Works*, 1925 — 1953, *Volume* 2, Carbondale: Southern Illinois University Press,1984,p. 214.

④ Walter Lippmann,*The Phantom Public*,New Brunswick: Transaction Publishers, 1993,p. 56.

公共官员便介入进来。当官员失败了，公众舆论便被用来处理议题。"[①]换句话说，公众之所以在场，恰恰是因为出现了常规政治机制无法解决的议题。对此，麦瑞斯作了很好的总结："没有议题，就没有公众。"(No issue，no public.)与幻影公众不同，围绕议题聚集起来的公众总是现实的、具体的。并且，"成员身份不是固定的"，"随着议题而发生变迁"。[②] 这与现代民主构想的"自足共同体"截然不同。

聚集在议题周围的公众如何发挥影响力？如何参与政治进程？在这一点上，李普曼略显保守。在他看来，公众与政治决策之间的关系是外在的，让公众直接参与统治甚至会导致暴政。通常，公众通过影响决策者而发挥作用。作为局外人，他们可以对局内人的行为和观点产生影响，迫使后者严肃对待议题，并对现有的政治机制做出适当调整。对于这一民主概念，李普曼总结道：

> 我们必须放弃如下观念，即民主政治可以是人民意志的直接表达。我们必须放弃人民统治的观念。反之，我们必须接受的理论是，作为偶尔动员起来的大多数，人民支持或反对实际进行统治的个体。我们必须说，大众并不持续地直接掌控，它只是偶尔介入。[③]

在《公众及其问题》中，杜威也提出了两种解决方案。第一种方案体现在"大共同体"(great community)中："公众将依然消隐，直到

---

① Walter Lippmann, *The Phantom Public*, New Brunswick: Transaction Publishers, 1993, pp. 62-63.

② Walter Lippmann, *The Phantom Public*, New Brunswick: Transaction Publishers, 1993, p. 100.

③ Walter Lippmann, *The Phantom Public*, New Brunswick: Transaction Publishers, 1993, pp. 51-52.

大社会转变为大共同体。”[1]在该书后半部分，杜威延续了杰斐逊式的民主理想。在他看来，只要公众能够广泛联合起来，对公共事务掌握确定的知识，并且这些知识可以自由地传播，进而形成可靠的公众舆论，民主政治就可以应对大社会的挑战，而无需走向精英主义与专家治国论。大社会变成大共同体必须满足的条件是：

> 在社会中，能够认识联合行为(associated activities)所带来的不断扩大的、盘根错节的后果——就认识这个词的全部意义而言。只有这样，有组织的、清晰明确的公众才会存在。最高级、最困难的探究与微妙的、精致的、生动的、反应敏捷的交流艺术必须掌管传递与传播的物理机器，并赋予后者以生命。当机器时代如此这般地完善它的机器，它将成为生活的手段，而不是残暴的主人。民主将成就其自身，因为民主是自由而丰富的共同生活的代名词。[2]

这一方案的核心是借助于现代手段拓展乡村式的“自足共同体”。杜威本人承认，这样的民主理想类似于乌托邦。但是，《公众及其问题》前半部分的主张与李普曼有很大的相似性。在该书开篇，杜威对私人性与公共性进行了区分：当特定的联合行为只影响行为的直接参与者，它就是私人性的；当它的后果波及直接参与者之外的群体，它就是公共的。所谓公众指的是那些并非行为的直接参与者却间接受其影响的群体。20世纪，随着科学技术和产业经济的突飞猛进，联合行为的模式发生了巨变，其影响的范围、途径、性质、种类和深度与18世纪不可同日而语。一些新兴公共事务出现了，而原本是

---

① John Dewey, *The Later Works*, 1925 — 1953, *Volume* 2, Carbondale: Southern Illinois University Press, 1984, p. 324.

② John Dewey, *The Later Works*, 1925 — 1953, *Volume* 2, Carbondale: Southern Illinois University Press, 1984, p. 350.

私人性的事务逐渐产生了公共影响力。然而，既定的民主政治机制的原型是自足共同体形象，它因为自身的惯性对此缺乏准备，无力处理这些新兴公共事务。更有甚者，它们常常会阻止新公众的涌现。在杜威看来，为了能够掌控这些公共事务，“公众不得不打破现有的政治形式”。[①] 公众绝不是抽象的，特定公众的形成恰恰是因为存在有待解决的议题：“联合行为持续的、广泛的和严重的后果制造了公众。”[②]由此，我们可以推论：随着议题及其影响力的不同，公众的构成也将发生变化；公众是复数概念，它表现为聚集在特定议题周围的特定群体；由议题组织起来的公众与自足共同体截然不同，无需预设共同的文化、习俗或生活方式。可以看到，杜威的这一方案全然不同于“大共同体”，而且与李普曼的立场相当接近。[③]

麦瑞斯对李普曼/杜威之争的重新解读为我们提供了一种迥然不同的民主概念，我称之为“以议题为导向的民主”(IOD)。它的出现以民主政治在新兴条件下陷入困境为契机，并且为处理科学技术议题提供了重要参照。许多人坚称，日趋复杂和专业化的科学技术议题超出了公众的理解力，在这些问题上诉诸公众意见是不可取的，专业问题应该交由专家共同体解决。根据IOD，正是议题的复杂性、专业化和深奥性为公众的在场提供了可能性，从而为民主化铺平了道路。对于这类议题，常规政治机制的应对能力不足。此时，作为受影响的、被关涉的群体，公众不得不从幻影中走出来，聚集在议题周围表达各自的意见和诉求，以影响相关的决策。根据现代民主观念，科学技术议题是公众参与的障碍。根据IOD，科学技术议题恰恰是公众参与的推动力，甚至是公众之所以在场的可能性条件。

---

① John Dewey, *The Later Works*, 1925－1953, *Volume* 2, Carbondale: Southern Illinois University Press, 1984, p. 255.

② John Dewey, *The Later Works*, 1925－1953, *Volume* 2, Carbondale: Southern Illinois University Press, 1984, p. 277.

③ 这或许是因为李普曼对杜威产生了深刻影响，参见 John Dewey, *The Later Works*, 1925－1953, *Volume* 2, Carbondale: Southern Illinois University Press, 1984, p. 308.

与18世纪以来的民主观念相比，IOD具有如下特征。第一，它是非中心化的、微观的，现代民主则是中心化的、宏观的。现代民主政治主要处理统治权的分配、制衡关系及其合法性。IOD则对应于微观的、异质性的场合，甚至适用于看似非政治的情境。从这个意义上说，它与微观政治和宇宙政治是一致的。第二，它赋予了公众以新的角色。随着社会的演进，公众面临幻影化和抽象化的风险。IOD通过重构公众与政治的关系，使得公众从抽象变成具体，从幻影走向现实。第三，它打破了现代民主的人类主义局限，突出了政治对象的重要性。根据IOD，"什么的政治"与"谁的政治"同样重要。民主不仅仅是群体利益和群体意见的协调机制，它同时涵盖着那些推动公众参与、介入和表达的事物。第四，它并未为公众的介入设置门槛。与"全能公民"不同，IOD认定公众的构成是异质性的，其知识和行动能力是有限的。公众参与的唯一条件是与自身相关的议题之存在，知识、行动和表达能力只是在介入过程中才逐渐建构起来。第五，IOD将为科学民主化提供依据。科学议题的复杂性与专业化程度对现代民主政治构成了挑战。据此，许多人否定了科学民主化的可能性与可行性。按照IOD，恰恰是科学议题的独特性本身促使公众在场，这表现为一种不同于现代民主的新型民主形态。

四、科学民主化构想

至此，我们获得了两个重要概念：参与性批判与以议题为导向的民主。那么，二者具有怎样的关系？能动存在论与宇宙政治学宣称，科学处于内在性平面，其政治合法性必须在后人类主义共同体内部赢得，而不能诉诸超越性范畴。为了避免科学沦为霸权，为了使之能够安于内在性位置，有必要对科学展开政治批判，而且这种批判应该是参与性的。根据IOD，对科学的参与性批判本身恰恰表现为民主的形态。当今，由科学技术引发的一系列议题吸引了无数人的目光，激起了无数的争论。作为潜在的受众，诸团体自发地组织起来，试图就相关议题表达自己的意见和诉求，并以实际行动影响相关决策。一方面，受众的参与和介入暗含着，相关的科学实践进程是有争议的，其合法性是悬而未决的，并且现行的政治机制无法有效应对。另一方面，通过参与和介入，受众希望现实地改变科学实践进程，使之赢得更高程度的合法性。根据参与性批判，这表现为科学的政治合法化过程；根据IOD，这表现为民主化过程：公众为特定的议题所推动，自觉地参与和介入相关实践。因此，参与性批判与IOD具有内在一致性。参与性批判旨在重构科学的政治合法性，IOD则揭示出这种重构方式本身是民主的。

于是，通往科学民主化的大门敞开了。科学/政治的二元结构瓦解之后，科学的政治合法性不再能够奠基于知识合理性，它不再具有解放洞穴人的力量。当科学处于内在性平面，与所有其他能动者一样作为城邦共同体的成员时，它必须在共同体内部重新赢得自己的政治合法性。并且，这种合法化方式具有民主的本性。因此，科学的政治合法化必须以民主为参照，而不能以理念世界为根据——这即是重写《理想国》的政治指导方针！

为了防范可能的误解，我想就这一科学民主化构想作几点澄清。第一，民主绝不是强加给科学的理念。根据能动存在论和纯粹内在性原则，一切超越性范畴都是不允许的，不管它是知识理念还是民主理想。本书的意图不在于用一种理念取代另一种理念，而期望取消超越性位置本身，不管占据该位置的是什么。第二，这一构想首先是批判性的。如前所述，为了重构科学的政治合法性，必须展开政治批判，并且这种批判是参与性的而非先验的。科学民主化构想恰恰建立在参与性批判的基础上，它的首要目标是避免科学沦为霸权——未经合法化或抵制合法化的力量。第三，科学民主化绝不是想主张公众应当与科学家一道参与知识生产，或者真理应当诉诸投票。许多人担心，科学民主化将导致知识灾难，它无异于放任暴民践踏纯粹的知识王国。这里的民主化构想与上述情况毫无共同之处。第四，只有当科学成为公共议题时，民主化要求才会浮现出来。根据IOD，公众的参与和介入以议题为条件，“没有议题，就没有公众”。常规的科研活动常常局限于科学共同体内部。尽管科学实践与外部群体存在着复杂的互动关系，但只要这类互动没有成为公共事件，公众作为公众依然是抽象的、退隐的。某个时刻，特定的科学实践进程及其后果引发了争议，而且现行的政治机制无法有效处理。这意味着出现了议题，后者将推动相关群体参与和介入其中。这既是批判性的，即公众试图通过参与而现实地改变特定的科学实践进程，又呈现为民主的形态，即公众对特定议题的解决发挥着约束性力量。第五，民主化是科学实践的内在要求。倘若科学是城邦共同体的参与者而非立法者，倘若它成为有待解决的公共议题，那么就必须容纳公众的参与，因为正是作为议题的科学实践本身为相关群体的介入提供了推动力。任何以真理的名义拒绝公众参与的做法，都将使自身的合法化境遇更加恶化，进而激起更强烈的参与和批判意识，赋予公众之在场以更大的推动力。从这个意义上说，民主绝不是强加给科学的理念，而是作为公共事务的科学实践的内在要求。第六，科学民主化构想与宇宙政治学观念是相适应的。所谓宇宙政治，就是内在性地构造非等级的共存模式。作为后人类主义共同体的成员，科学无力单方面设定某种理想的共存模式，它必须与他者一道内在性地构造公共秩序。

以参与性批判与IOD为基础的科学民主化构想，让我再次想起海德格尔对“物”的考证即聚集。一个有争议的、有待商讨的、为人所关切的议题促使共同体聚集起来。沿着这一方向，拉图尔和卡龙分别提出了更加精致的聚集形式：物的议会(parliament of things)与哈

伯利论坛(hybrid forum)。[1] 拉图尔在《我们从未现代过》中这样说道:

> 让一位代表讨论臭氧洞——比如说,另一个人代表孟山都化学厂,第三个人代表孟山都化学厂的工人,第四个人代表新罕布什尔州的选民,第五个人代表极地气象学;接着让另一个人以国家的名义发言;有什么关系呢,只要他们所有人谈论的是同一件事,即他们共同构建起来的准对象——对象—语言—自然—社会,它的新属性让我们所有人感到震惊,其网络借助于化学、法律、国家、经济和卫星从我家里的冰箱延伸至南极。哈伯利与网络曾经毫无地位,现在有了自己的整个位置。它们必须被代表;围绕它们,物的议会由此聚集起来。[2]

对于这样的异质性聚集,卡龙直截了当地称之为"哈伯利论坛"。在卡龙看来,当代由科学技术引发的争议随处可见,而且参与争议的群体之身份也五花八门。诸如此类的聚集之所以称之为"论坛",是因为它们是开放的空间,诸群体能够走到一起共同讨论与集体相关的科学技术决策;之所以称之为哈伯利,是因为介入其中的群体以及宣称代表这些群体的发言人是异质性的,包括专家、政治家、技术人员和外行人等,而且问题的种类和层次是多样化的——从伦理学、经

① 这里将"hybrid forum"音译为"哈伯利论坛"。Hybrid 的含义很明确,但在汉语中很难找到恰当的对应词:混合、混杂、杂交等都略显怪异。

② Bruno Latour, *We Have Never Been Modern*, trans. Catherine Porter, New York: Harvester, 1993, p. 144. 后来,在《自然政治学》中,拉图尔试图对"物的议会"进行更加体系化和系统化的表述。这里不拟展开。

济学到生理学、核物理学。[1]

有人或许提出，即便承认科学民主化在理论上是可构想的，这也绝不意味着它是现实的。事实上，现实中的聚集早已存在，形形色色的科学技术议题为公众的积极参与和介入提供着源源不断的推动力。以往，这些现象没能得到理论确认，无论是科学哲学还是政治哲学对此都殊难消化。本书的主旨之一是期望赋予此类现象以适当的理论位置。换句话说，科学民主化的事实早已存在，尽管哲学家们基于各式各样的理由否认其理论可能性。下面，让我们援引一个著名的案例，借以展现科学民主化的实际面貌——爱普斯坦（Steven Epstein）对艾滋病行动主义的研究。[2]

美国艾滋病治疗行动主义运动（AIDS Treatment Activist Movement）隶属于范围广泛的艾滋病运动（AIDS Movement），后者可以追溯到艾滋病发病早期。艾滋病运动的成员构成广泛，其行动计划有多重指向，比如大众传媒、政府、教会、卫生部门等。此外，艾滋病运动受惠于其他社会运动，特别是 20 世纪 70 和 80 年代的同性恋运动。同性恋运动有着成熟的组织，一些男性成员有着相当程度的政治影响力和财政能力。借助于这一优势，艾滋病运动一方面具备了与主流专家抗争的非凡能力，另一方面在公众与专家之间发挥着沟通作用。该运动的早期目标是对“受害人”地位进行批判。在成员们看来，一旦某人被贴上“受害人”的标签，便意味着他是被动的、无助的，并严重依赖于医生与科研机构。PWA 联盟（People with

---

① Michel Callon, Pierre Lascoumes and Yannick Barthe, *Acting in an Uncertain World: An Essay on Technical Democracy*, trans. Graham Burchell, Cambridge: The MIT press, 2009, p. 18.

② 参见 Steven Epstein, "Democracy, Expertise, and AIDS Treatment Activism." in Daniel Lee Kleinman, ed., *Science, Technology, and Democracy*, New York: State University of New York Press, 2000, pp. 15-32。更详细的论述参见 Steven Epstein, *Impure Science: AIDS, Activism, and the Politics of Knowledge*, Berkeley: University of California Press, 1996.

AIDS Coalition)在一份宣言中强调,“我们是患艾滋病的人”(首先是人,其次才是艾滋病人)。这无疑表达了对权威机构的某种不满。

20世纪80年代后期,艾滋病行动主义进入了更为激进的新阶段。联邦政府对艾滋病反应迟钝,艾滋病人受到了歧视,以及缺乏有效的治疗手段,所有这一切赋予相关群体以极大的推动力。1987年,新的组织在纽约诞生,即艾滋病解放力量联盟(AIDS Coalition to Unleash Power)。该联盟的简称极具煽动性:ACT UP(行动起来)。ACT UP的政治与文化活动的风格来源庞杂,其中包括无政府主义、和平运动、朋克文化等。20世纪80年代中后期,包括ACT UP在内的群体开始关注艾滋病的治疗与科研问题,这些群体被称作艾滋病治疗行动主义运动组织。这一运动最初采取了过激态度,但后来逐渐认识到医疗机构和知识权威并非自己的“天敌”。

在这个案例中,议题是艾滋病的研究与治疗。它既是一个科学问题,同时又与艾滋病群体密切相关。它之所以成为议题,在于相关的研究治疗程序及其结果引发了艾滋病群体的不满,现有的政治机制又无法严肃对待他们的伦理、科学与文化诉求。那么,艾滋病行动主义者是如何参与和介入这一科学议题的呢?通过转换身份:从街谈抗议者变成新型专家。尽管这些群体是科学外行,但最终却能够令人信服地谈论科学,特别是在与科学共同体对话的过程中。这种转变采取了很多策略,其中包括:第一,行动主义者积极学习医学语言与文化;第二,行动主义者设法让自己成为艾滋病人的合法代言人,这样研究人员就必须与他们打交道;第三,行动主义者设法把知识问题与道德问题整合起来,让自己置身于科学知识的内部;第四,他们充分利用了科研机构的分工,比如在与传染病研究人员的争论中与生物统计学家结盟,以提高自身的权威性。

经过种种努力,胜利终于来临。美国国立卫生研究院(NIH)艾滋病研究办公室主任福希(Anthony Fauci)博士表示支持行动主义运动,愿意与行动主义者展开对话。优秀的学院派研究人员也开始承认某些行动主义者的科学资质，艾滋病临床试验小组（ACTG）的大多数会议也开始向公众开放，并且病人代表享有充分的投票权。到20世纪90年代早期，行动主义者成为美国食品药品管理局（FDA）咨询委员会的非正式代表，负责评估新药品。在如何从事研究，如何评估研究结果，应该资助哪些研究方案等方面，行动主义者开始享有发言权。他们与科学家一道确定哪些研究方向最有利可图，并就研究方法展开讨论，此外还参与决定科研资源的分配。该运动的某些出版物比如《艾滋病治疗报》（*AIDS Treatment News*），成为全世界医生的常规参考资料。专家们也开始认可艾滋病治疗行动主义者的某些认知能力，比如病毒复制、HIV的免疫病理学起源以及随机临床试验方法。爱普斯坦的研究结论是："在某些情况下，通过积累不同形式的信用（credibility），行动主义运动可以为科学的认识论实践——我们认识自然界的方式——带来变化。"[①]

五、尾　声

至此，本书的探究之旅进入了尾声。自始至终，我一直致力于在认识论与存在论层面重构科学与政治观念，为科学民主化开辟学理空间。期望前面的所有努力能让读者确信，科学与政治的和解不仅在理论上是可能的，在现实中亦是可行的！

很遗憾，有关科学民主化的组织形式，特定政治文化对公众参与的影响，解决科技议题的机制等问题，本书着墨不多。在此，我不得不表示歉意。本书更多地侧重于认识论与存在论思考，对常规的科学政治学研究未能给予足够的关注，这是我的兴趣使然。马克思曾

① Steven Epstein, "Democracy, Expertise, and AIDS Treatment Activism." in Daniel Lee Kleinman, ed., *Science, Technology, and Democracy*, New York: State University of New York Press, 2000, p. 16.

经宣称，“任何真正的哲学都是自己时代精神的精华”。然而，我们的哲学远远落后于我们的时代，这使得我们的现实处境变得不可理解。如何构想一种与现实相呼应的科学观念与政治观念？这才是我真正关心的。这绝不意味着应该毫无保留地接受现实，似乎实践真的是检验真理的唯一标准。科学与政治事实上已经相互缠绕，哲学对此是否有能力作出说明？有些人认为根本无需说明，因为现实恰恰是有待批判、有待扬弃的。我的看法恰好相反，这恰恰为改造我们的哲学提供了契机：如果科学与政治总是已经相互缠绕，应该如何调整既定的科学观念与政治观念？以往的认识论与存在论架构需要做怎样的修正？

尽管本书尝试作出科学民主化构想，但也仅仅是构想而已。它在理论上展示了科学民主化的可能轮廓，但对相关的认识论与存在论后果缺乏进一步的细致论述。作为对科学技术实践的批判性参与，以议题为导向的民主将如何现实地改变特定的知识形态与事物的存在形态？解答此类问题有赖于对特定的争议与议题进行详细的案例研究，而无法预先给出一般性结论。但无论怎样，将科学置于内在性平面之后，人们再也无法将其视为超越性力量——无论你认为这种力量有望为人类提供光明的前景，还是认为它将不可避免地导致“意义的丧失”与“价值的陨落”。科学作为实践永远是未完成与有待完成的，真理、合理性、客观性等再也无法作为拒斥公众参与的理由。如何在科学实践与其他文化实践之间建立起非等级的共存模式而不是默认知识/意见的参照系，是我们必须面对的根本的政治问题，它同时是根本的认识论问题与存在论问题。

回头看，百年之前五四知识分子对科学与民主的态度显然过于乐观了。他们寄希望于德先生与赛先生能够开启民智、解放个性，进而开创出不同于传统文化的“新文化”。根据这种思想逻辑，科学与民主被当作启蒙的手段而不是有待启蒙的对象，似乎只要我们接受了科学与民主的洗礼，将自然而然地摆脱愚昧与奴役状态，走上真理与自由的康庄大道。然而，这样的启蒙观念势必退化为教条，正如历史的发展证明的那样，科学与民主被蒙上了厚厚的意识形态面纱，甚至沦为某种政治符号。为了逃离“启蒙辩证法”，为了避免启蒙沦为神话，必须如福柯那样采取永恒批判的态度。这绝不意味着放弃科学与民主，而是将其置于一个新的位置，一个不具神话与超验色彩的位置。如果启蒙无法诉诸任何超验力量，如果“新文化”之新永远是有待解答的问题，那么我们置身其中的将不再是“黑暗”/“光明”的二元世界而是“灰色”的一元世界。可是，启蒙能够存活于灰色世界吗？

参考文献

中文文献

艾杰.STS:回顾与展望//贾萨诺夫等编.科学技术论手册.盛晓明,等,译.北京:北京理工大学出版社,2004.

巴恩斯,布鲁尔.科学知识:一种社会学的分析.邢冬梅,等,译.南京:南京大学出版社,2004.

巴恩斯,布鲁尔.相对主义、理性主义和知识社会学.鲁旭东,译.哲学译丛,2000(1).

柏拉图.理想国.郭斌和,张明竹,译.北京:商务印书馆,2002.

贝尔纳.科学的社会功能.陈体芳,译.桂林:广西师范大学出版社,2003.

贝克.世界主义的观点:战争即和平.杨祖群,译.上海:华东师范大学出版社,2008.

波兰尼.科学、信仰与社会.王靖华,译.南京:南京大学出版社,2004.

伯恩斯坦.超越客观主义与相对主义.郭小平,等,译.北京:光明日报出版社,1992.

布鲁尔.反拉图尔.张敦敏,译.世界哲学,2008(3).

布鲁尔. 知识与社会意象. 艾彦,译. 北京:东方出版社,2001.

德勒兹. 德勒兹论福柯. 杨凯麟,译. 南京:江苏教育出版社,2006.

杜威. 杜威文选. 涂纪亮编,译. 北京:社会科学文献出版社,2006.

杜威. 确定性的追求. 傅统先,译. 上海:上海人民出版社,2004.

弗雷泽. 福柯论现代权力//汪民安等编. 福柯的面孔. 北京:文化艺术出版社,2001.

福柯. 规训与惩罚. 刘北成,等,译. 北京:生活·读书·新知三联书店,1999.

福柯. 权力的眼睛. 严锋,译. 上海:上海人民出版社,1997.

福柯. 什么是批判//詹姆斯·施密特编. 启蒙运动与现代性. 徐向东,等,译. 上海:上海人民出版社,2005.

福柯. 性经验史. 佘碧平,译. 上海:上海人民出版社,2000.

福柯. 主体性与真理. 莫伟民,译. 世界哲学,2005(1).

伽利略. 关于两门新科学的对话. 武际可,译. 北京:北京大学出版社,2006.

哈贝马斯. 后形而上学思想. 曹卫东,等,译. 南京:译林出版社,2001.

哈贝马斯. 现代性的哲学话语. 曹卫东,等,译. 南京:译林出版社,2004.

哈贝马斯. 在事实与规范之间. 童世骏,译. 北京:生活·读书·新知三联书店,2003.

海德格尔. 存在与时间(修订本). 陈嘉映,等,译校,北京:生活·读书·新知三联书店,1999.

海德格尔. 海德格尔选集. 孙周兴,译. 上海:上海三联书店,1996.

海德格尔. 尼采. 孙周兴,译. 北京:商务印书馆,2002.

海德格尔.演讲与论文集.孙周兴,译. 北京:生活·读书·新知三联书店,2005.

胡塞尔.逻辑研究.倪梁康,译.上海:上海译文出版社,1994.

胡塞尔.欧洲科学的危机与超越论的现象学.王炳文,译.北京:商务印书馆,2001.

胡塞尔.哲学作为严格的科学.倪梁康,译.北京:商务印书馆,1999.

华勒斯坦等.学科·知识·权力.刘健芝,等,译.北京:生活·读书·新知三联书店,1999.

吉登斯.社会的构成.李康,等,译.北京:生活·读书·新知三联书店,1998.

卡尔纳普.通过语言的逻辑分析清除形而上学//陈波、韩林合主编.逻辑与语言——分析哲学经典文选.罗达仁,译.北京:东方出版社,2005.

康德.纯粹理性批判.邓晓芒,译.北京:人民出版社,2004.

康德.历史理性批判文集.何兆武,译.北京:商务印书馆,1990.

康德.判断力批判.邓晓芒,译.北京:人民出版社,2002.

康德.实践理性批判.邓晓芒,译.北京:人民出版社,2003.

库恩.科学革命的结构.金吾伦,胡新和,译.北京:北京大学出版社,2003.

拉尔修.名哲言行录.马永翔,等,译.长春:吉林人民出版社,2003.

拉图尔.答复D.布鲁尔的反拉图尔.张敦敏,译.世界哲学,2008(4).

拉图尔.科学在行动.刘文旋,等,译.北京:东方出版社,2005.

劳斯.知识与权力.盛晓明,等,译.北京:北京大学出版社,2004.

李普曼.公众舆论.阎克文,等,译.上海:上海人民出版社,2002.

卢梭.社会契约论(修订版).何兆武,译.北京:商务印书馆,2003.

马克思.1844 年经济学哲学手稿(第 3 版).北京:人民出版社,2000.

梅洛-庞蒂.可见的与不可见的.罗国祥,译.北京:商务印书馆,2008.

梅洛-庞蒂.哲学赞词.杨大春,译.北京:商务印书馆,2003.

孟强.从表象到介入——科学实践的哲学研究.北京:中国社会科学出版社,2008.

孟强.当代社会理论的实践转向:起源、问题与出路.浙江社会科学,2010(10).

孟强.海德格尔与拉图尔论物.科学技术哲学,2010(6).

孟强.梅洛-庞蒂、怀特海与当代科学论.现代哲学,2011(4).

孟强.认识论批判与能动存在论.哲学研究,2014(3).

孟强.塞尔论自然契约.世界哲学,2011(5).

孟强.实像主义研究述评.哲学动态,2013(9).

孟强.作用实在论:超越科学实在论与社会建构论.科学学研究,2008(4).

苗力田.古希腊哲学.北京:中国人民大学出版社,1989.

尼采.偶像的黄昏.卫茂平,译.上海:华东师范大学出版社,2007.

尼采.权力意志.孙周兴,译.北京:商务印书馆,2007.

培根.新工具.许宝骙,译.北京:商务印书馆,1984.

萨拜因.政治学说史.盛葵阳,等,译.北京:商务印书馆,1986.

盛晓明.话语规则与知识基础.上海:学林出版社,2000.

威斯布鲁克.杜威与美国民主.王红欣,译.北京:北京大学出版社,2009.

维特根斯坦.逻辑哲学论.贺绍甲,译.北京:商务印书馆,1996.

维特根斯坦.哲学研究.李步楼,译.北京:商务印书馆,1996.

温奇.社会科学的观念及其与哲学的关系.张庆熊，等，译.上海：上海人民出版社，2004.

西斯蒙多.科学技术学导论.许为民，等，译.上海：上海科技教育出版社，2007.

亚里士多德.尼各马科伦理学//苗力田主编.亚里士多德全集（第八卷）.北京：中国人民大学出版社，1994.

英文文献

Apel, Karl-Otto. The Problem of Philosophical Foundations in Light of a Transcendental Pragmatics of Language, in *After Philosophy: End or Transformation?* eds. Kenneth Baynes et al., Cambridge: The MIT Press, 1996.

Arendt, Hannah. *The Human Condition*. Chicago: University of Chicago Press, 1958.

Arendt, Hannah. *The Life of the Mind · Thinking*. New York: Harcourt Brace & Company, 1978.

Barad, Karen. Agential Realism: Feminist Interventions in Understanding Scientific Practices, in *The Science Studies Reader*. ed. Mario Biagioli, New York: Routledge, 1999.

Barad, Karen. *Meeting the Universe Halfway: Quantum Physics and the Entanglement of Matter and Meaning*. Durham: Duke University Press, 2007.

Bernstein, Richard. *Beyond Objectivism and Relativism: Science, Hermeneutics, and Praxis*. Philadelphia: University of Pennsylvania Press, 1983.

Bloor, David. *Wittenstein, Rules and Institutions*. New York: Routledge, 1997.

Brandom, Robert. *Making It Explicit*. Cambridge: Harvard

University Press, 1994.

Braun, Brunce and Whatmore, Sarah. The Stuff of Politics: An Introduction, in *Political Matter: Technoscience, Democracy, and Public Life*, eds. Brunce Braun and Sarah Whatmore. Minneapolis: University of Minnesota Press, 2010.

Brown, Mark. *Science in Democracy: Expertise, Institutions, and Representation*. Cambridge: The MIT Press, 2009.

Bubner, Rüdiger. Kant, Transcendental Arguments and the Problem of Deduction. *The Review of Metaphysics*, 1975, 28(3).

Callon, Michel. Some elements of a Sociology of Translation, in *The Science Studies Reader*, ed. Mario Biagioli. New York: Routledge, 1999.

Callon, Michel (et al.). *Acting in an Uncertain World: An Essay on Technical Democracy*, trans. Graham Burchell. Cambridge: The MIT press, 2009.

Collins, Harry and Evans, Robert. The Third Wave of Science Studies: Studies of Expertise and Experience. *Social Studies of Science*, 2002, 32(2).

de Vries, Gerard. What is Political in Sub-politics? How Aristotle Might Help STS. *Social Studies of Science*, 2007, 37(5).

Deleuze, Gilles. *Difference and Repetition*, trans. Paul Patton. New York: Columbia University Press, 1994.

Deleuze, Gilles. *Pure Immanence: An Essay on Life*. trans. Anne Boyman. Cambridge: The MIT Press, 2001.

Dewey, John. *The Quest for Certainty: A Study of the Relation of Knowledge and Action*. New York: Minton, Balch & Company, 1929.

Dewey, John. *The Later Works* (1925 — 1953), Volume 2.

Carbondale: Southern Illinois University Press,1984.

Dreyfus, Hubert and Rabinow, Paul. *Michel Foucault: Beyond Structuralism and Hermeneutics*. Chicago: University of Chicago Press,1983.

Dreyfus, Hubert. Holism and Hermeneutics. *The Review of Metaphysics*, 1980,34(1).

Dreyfus, Hubert. How Heidegger Defends the Possibility of a Correspondence Theory of Truth With Respect to the Entities of Natural Science, in *The Practice Turn in Contemporary Theory*, eds. Theodore Schatzki et al. New York: Routledge,2001.

Epstein, Steven. *Impure Science: AIDS, Activism, and the Politics of Knowledge*. Berkeley: University of California Press,1996.

Epstein, Steven. Democracy, Expertise, and AIDS Treatment Activism, in *Science, Technology, and Democracy*, ed. Daniel Lee Kleinman. New York: State University of New York Press,2000.

Evans, Fred and Lawlor, Leonard. Introduction: The Value of Flesh, in *Chiasm: Merleau—Ponty's Notion of Flesh*, eds. Fred Evans and Leonard Lawlor. New York: State University of New York Press,2000.

Fine, Robert and Cohen, Robin. Four cosmopolitan moments, in *Conceiving Cosmopolitanism: Theory, Context and Practice*. Oxford: Oxford University Press,2002.

Foucault, Michel. *Power/Knowledge*, trans. Colin Gordon et al. New York: Pantheon,1980.

Foucault, Michel. Subject and Power, in *Michel Foucault: Beyond Structuralism and Hermeneutics*, eds. Hubert Dreyfus and Paul Rabinow. Chicago: University of Chicago Press,1983.

Foucault, Michel. *The Foucault Reader*, ed. Paul Rabinow. New York: Pantheon, 1984.

Foucault, Michel. *Politics, Philosophy and Culture: Interview and Other Writings* 1977—1984. New York: Routledge, 1988.

Foucault, Michel. The Art of Telling the Truth, in *Critique and Power: Recasting the Foucault/Habermas Debate*, ed. Michael Kelly. Cambridge: The MIT Press, 1994.

Foucault, Michel. *Foucault Live* (*Interviews*, 1961—1984), ed. Sylvere Lotringer. New York: Semiotexte, 1996.

Foucault, Michel. Subjectivity and Truth, in *Ethics: Subjectivity and Truth*, ed. Paul Rabinow. New York: The New Press, 1997.

Habermas, Jürgen. Taking Aim at the Heart of the Present: On Foucault's Lecture on Kant's What is Enlightenment? in *Critique and Power: Recasting the Foucault/Habermas Debate*, ed. Michael Kelly. Cambridge: The MIT Press, 1994.

Hacking, Ian. *The Emergence of Probability*. Cambridge: Cambridge University Press, 1975.

Hacking, Ian. *Representing and Intervening*. Cambridge: Cambridge University Press, 1983.

Hacking, Ian. *Historical Ontology*. Cambridge: Harvard University Press, 2002.

Haraway, Donna. Interview with Donna Haraway, in *Chasing Technoscience*, eds. Don Ihde and Evan Selinger. Bloomington: Indiana University Press, 2003.

Heidegger, Martin. *The Basic Problems of Phenomenology*, trans. Albert Hofstadter. Bloomington: Indiana University

Press,1982.

Heidegger, Martin. *The Metaphysical Foundations of Logic*, trans. Michael Heim. Bloomington: Indiana University Press,1984.

Heidegger, Martin. *History of the Concept of Time*, trans. Theodore Kisiel. Bloomington: Indiana University Press,1985.

Heidegger, Martin. *Being and Time*, trans. Joan Stambaugh. New York: State University of New York Press,1996.

Hess, David. *Science Studies*. New York: New York University Press,1997.

Hintikka, Jaakko. Transcendental Arguments: Genuine and Spurious. *Nous*, 1972,6(3).

Jasanoff, Sheila and Martello, Marybeth. Conclusion: Knowledge and Governance, in *Earthly Politics: Local and Global in Environmental Governance*, eds. Sheila Jasanoff and Marybeth Martello. Cambridge: The MIT Press,2004.

Jasanoff, Sheila. Breaking the Waves in Science Studies. *Social Studies of Science*, 2003,33(3).

Kant, Immanuel. *Critique of Pure Reason*, trans. Norman Kemp Smith. London: Macmillan,1929.

Kant, Immanuel. *Lectures on Logic*, trans. Michael Yong. Cambridge: Cambridge University Press,1992.

Kant, Immanuel. *Critique of the Power of Judgment*, trans. Paul Guyer and Eric Matthews. Cambridge: Cambridge University Press,2000.

Kitcher, Philip. The Naturalists Return. *The Philosophical Review*, 1992,101(1).

Kuhn, Thomas. *The Road Since Structure*, eds. James

Conant and John Haugeland. Chicago: University of Chicago Press, 2000.

Latour, Bruno. *The Pasteurization of France*, trans. John Law. Cambridge: Harvard University Press, 1988.

Latour, Bruno. An Interview with Bruno Latour. *Configurations*, 1993, 1(2).

Latour, Bruno. *We Have Never Been Modern*, trans. Catherine Porter. New York: Harvester, 1993.

Latour, Bruno. One More Turn After The Social Turn…, in *The Science Studies Reader*, ed. Mario Biagioli. New York: Routledge, 1999.

Latour, Bruno. *Pandora's Hope*. Cambridge: Harvard University Press, 1999.

Latour, Bruno. Interview with Bruno Latour, in *Chasing Technoscience*, eds. Don Ihde and Evan Selinger. Bloomington: Indiana University Press, 2003.

Latour, Bruno. The Promises of Constructivism, in *Chasing Technoscience*, eds. Don Ihde and Evan Selinger. Bloomington: Indiana University Press, 2003.

Latour, Bruno. *Politics of Nature: How to Bring the Sciences into Democracy*, trans. Catherine Porter. Cambridge: Harvard University Press, 2004.

Latour, Bruno. Whose Cosmos, Which Cosmopolitics? *Common Knowledge*, 2004, 10(3).

Latour, Bruno. Why has Critique Run out of Stream? From Matter of Fact to Matter of Concern. *Critique Inquiry*, 2004, 30 (2).

Latour, Bruno. From Realpolitick to Dingpolitik, in *Making*

Things Public: *Atmospheres of Democracy*, eds. Bruno Latour and Peter Weibel. Cambridge: The MIT Press, 2005.

Latour, Bruno. *Reassembling the Social*: *An Introduction to Actor—Network—Theory*. Oxford: Oxford University Press, 2005.

Latour, Bruno. Turning Around Politics. *Social Studies of Science*, 2007, 37(5).

Latour, Bruno. A Textbook Case Revisited—Knowledge as a Mode of Existence, in *Handbook of Science and Technology Studies*, eds. Edward Hackett et al. Cambridge: The MIT Press, 2008.

Latour, Bruno. An Attempt at a "Compositionist Manifesto". *New Literary Review*, 2010, 41(3).

Latour, Bruno. *On the Cult of the Factish Gods*, trans. Catherine Porter and Heather Maclean. Durhan: Duke University Press, 2010.

Latour, Bruno. Reflections on Etienne Souriau's Les différents modes d'existence, in *The Speculative Turn*: *Continental Materialism and Realism*, eds. Levi Bryant et al. Melbourne: re. Press, 2011.

Law, John. *After Method*: *Mess in Social Science Research*. London: Routledge, 2004.

Lippmann, Walter. *The Phantom Public*. New Brunswick: Transaction Publishers, 1927.

Marres, Noortje. Issues Spark a Public into Being, in *Making Things Public*: *Atmospheres of Democracy*, eds. Bruno Latour and Peter Weibel. Cambridge: The MIT Press, 2005.

Marres, Noortje. *No Issue*, *No Public*: *Democratic Deficits after the Displacement of Politics*. Doctoral Dissertation,

Universiteit van Amsterdam, 2005.

Marres, Noortje. The Issues Deserve More Credit. *Social Studies of Science*, 2007, 37(5).

Matravers, Derek and Pike, Jon. *Debates in Contemporary Political Philosophy: An Anthology*. New York: Routledge, 2003.

Meillassoux, Quentin. Speculative Realism, in *Collapse III*, ed. R. Makay. Falmouth: Urbanomic, 2007.

Meillassoux, Quentin. *After Finitude: An Essay on the Necessity of Contingency*, trans. Ray Brassier. New York: Continuum, 2008.

Merleau－Ponty, Maurice. *Phenomenology of Perception*, trans. Colin Smith. New York: Routledge, 2002.

Merleau－Ponty, Maurice. *Nature: Course Notes from the College de France*, trans. Robert Vallier. Evanston: Northwestern University Press, 2003.

Mol, Annemarie. Ontological Politics. A Word and Some Questions, in *Actor Network Theory and After*, eds. John Law and John Hassard. Oxford: Blackwell, 1999.

Mol, Annemarie. *The Body Multiple: Ontology in Medical Practices*. Durham: Duke University Press, 2002.

Nickles, Thomas. Integrating the Science Studies Discipline, in *The Cognitive Turn: Sociological and Psychological Perspectives on Science*, eds. Steve Fuller et al. London: Kluwer, 1989.

Peirce, Charles. *Philosophical Writings of Peirce*. New York: Dover Publications, 1955.

Pickering, Andrew. From Science as Knowledge to Science as

Practice, in *Science as Practice and Culture*, ed. Andrew Pickering. Chicago: University of Chicago Press, 1992.

Pickering, Andrew. *The Mangle of Practice: Time, Agency and Science*. Chicago: University of Chicago Press, 1995.

Pickering, Andrew. New Ontologies, in *The Mangle in Practice*, eds. Andrew Pickering and Keith Guzik. Durham: Duke University Press, 2008.

Rheinberger, Hans－Jörg. *Toward a History of Epistemic Things*. California: Stanford University Press, 1997.

Rheinberger, Hans－Jörg. Experimental Systems, in *The Science Studies Reader*, ed. Mario Biagioli. New York: Routledge, 1999.

Rheinberger, Hans－Jörg. *On Historicizing Epistemology*, trans. David Fernbach. Stanford: Stanford University Press, 2010.

Rouse, Joseph. *Engaging Science: How to Understanding its Practices Philosophically*. Ithaca: Cornell University Press, 1996.

Rouse, Joseph. *How Scientific Practices Matter*. Chicago: University of Chicago Press, 2002.

Rouse, Joseph. Kuhn's Philosophy of Scientific Practice, in *Thomas Kuhn*, ed. Thomas Nickles. Cambridge: Cambridge University Press, 2003.

Rouse, Joseph. Practice Theory, in *Philosophy of Anthropology and Sociology*, eds. Stephen Turner and Mark Risjord. Boston: Elsevier, 2007.

Schatzki, Theodore (et al.). *The Practice Turn in Contemporary Theory*. New York: Routledge, 2001.

Serres, Michel and Latour, Bruno. *Conversations on Science, Culture, and Time*, trans. Roxanne Lapidus. Ann Arbor:

University of Michigan Press,1995.

Serres, Michel. *The Parasite*, trans. Lawrence Schehr. Baltimore: Johns Hopkins University Press,1982.

Serres, Michel. Interview, *UNESCO Courier*, 1993,46(12).

Serres, Michel. *The Natural Contract*, trans. Elizabeth MacArthur and William Paulson. Ann Arbor: The University of Michigan Press,1995.

Serres, Michel. The Science of Relations. In: *Journal of the Theoretical Humanities*, 2003,8(2).

Shapin, Steven and Schaffer, Simon. *Leviathan and The Pump*. Princeton: Princeton University Press,1985.

Sismondo, Sergio. Science and Technology Studies and an Engaged Program, in *Handbook of Science and Technology Studies*, eds. Edward Hackett et al. Cambridge: The MIT Press,2008.

Stengers, Isabelle. *Power and Invention*, trans. Paul Bains. Minneapolis: University of Minnesota Press,1997.

Stengers, Isabelle. *The Invention of Modern Science*, trans. Daniel Smith. Minneapolis: University of Minnesota Press,2000.

Stengers, Isabelle. The Cosmopolitical Proposal, in *Making Things Public: Atmospheres of Democracy*, eds. Bruno Latour and Peter Weibel. Cambridge: The MIT Press,2005.

Stengers, Isabelle. *Cosmopolitics I*, trans. Robert Bononno. Minneapolis: University of Minnesota Press,2010.

Stengers, Isabelle. Including Nonhuman into Political Theory, in *Political Matter: Technoscience, Democracy, and Public Life*, eds. Brunce Braun and Sarah Whatmore. Minneapolis: University of Minnesota Press,2010.

Stengers, Isabelle. *Cosmopolitics II*, trans. Robert Bononno. Minneapolis: University of Minnesota Press, 2011.

Stern, David. The Practical Turn, in *The Blackwell Guide to Philosophy of the Social Sciences*, eds. Stephen Turner and Paul Roth. Oxford: Blackwell, 2003.

Taylor, Charles. Atomism, in *Philosophy and the Human Sciences: Philosophical Paper 2*. Cambridge: Cambridge University Press, 1985.

Taylor, Charles. *Philosophical Arguments*. Cambridge: Harvard University Press, 1995.

Turner, Stephen. *The Social Theory f Practices*. Chicago: University Chicago Press, 1994.

Turner, Stephen. *Liberal Democracy* 3.0. London: Sage Publications, 2003.

Turner, Stephen. The Third Science War, *Social Studies of Science*, 2003, 33(4).

Whitehead, Alfred. *Science and The Modern World*. New York: Macmillan, 1925.

Whitehead, Alfred. *The Concept of Nature*. Cambridge: Cambridge University Press, 1926.

Whitehead, Alfred. *The Adventure of Ideas*. New York: Macmillan, 1935.

Whitehead, Alfred. *Process and Reality*. New York: The Free Press, 1978.

Winner, Langdon. Do Artifacts Have Politics? in *The Social Shaping of Technology*, ed. Donald MacKenzie. Philadelphia: Open University Press, 1985.

索　引

D

E

F

J

K

R

S

W

X

Y

后　记

本书以北京大学哲学系博士后出站报告《科学、政治与民主化构想》(2009)为底稿，在此基础上对整体结构、思路和章节作了较大幅度的修改与调整，删除了一些无关紧要的内容，补充了近几年的思考成果。

从2008年开始构思博士后出站报告算起，本书的写作历经了七个年头。其间，我的哲学思路发生了剧烈转变。此前相当长的一段时期，受导师盛晓明教授的影响，我的哲学取向是康德主义传统，这具体表现在我对“介入主义”的探索中(《从表象到介入——科学实践的哲学研究》，中国社会科学出版社，2008年;《科学哲学的介入主义方案》，《哲学研究》2008年第4期)。后来，在深入阅读拉图尔(Bruno Latour)作品的过程中，我获得了一种极其强烈的非康德式的思维体验。正是这种体验让我与康德哲学和现象学渐行渐远，并有意识地追寻某种存在论或形而上学的科学哲学线索。拉图尔的文本尽管体现了这种存在论取向，但缺乏系统而连贯的哲学表述。在这一思维逻辑的驱动下，我开始阅读斯宾诺莎、怀特海、德勒兹等人的作品。此前，这些思想家从未进入我的视域，因为在忠实的康德派眼中，斯宾诺莎哲学或怀特海哲学根本算不上哲学。本书第二章对能动存在论的表述便是在这个方向上所做的初步尝试(亦可参见《认识论批判与能动存在论》，《哲学研究》2014 年第 3 期)。无论如何，它还只是一株幼芽，能否茁壮成长尚待日后不懈努力。

选择科学的政治哲学作为主题绝非偶然。攻读硕士研究生期间，我与导师盛晓明教授合作翻译出版的第一本著作是劳斯的《知识与权力——走向科学的政治哲学》(北京大学出版社，2004 年)，生平正式发表的第一篇学术论文是《科学的权力/知识考察》(《自然辩证法研究》2004 年第 4 期)，后来的硕士学位论文亦以此作为研究方向。2007 年我从浙江大学哲学系毕业，进入北京大学哲学系，在吴国盛教授的指导下从事博士后研究工作。在此期间，北京大学刘华杰教授、北京师范大学田松教授、清华大学蒋劲松教授等对现实的关怀与批判意识给我留下了深刻印象。在此之前，我对现实之境况是不予理会的。在他们的影响下，我试着把先前的科学政治学研究加以梳理、拓展，并最终将它作为博士后出站报告的主题。尽管如此，呈现在读者面前的这部著作依然不那么"现实"，甚至可以说十分"理论"。或许，这是我的思想秉性使然。在我看来，学者的使命是理论反思，即便他有意介入现实，也必须以严格理论的方式。

思想轨迹的转变时常是偶然的、无意识的。重读过去的文本，我对自己曾经大量阅读福柯的作品感到惊讶。面对自己日益浓厚的存在论兴趣，我常常回想起过去对别人的思辨语言的戏谑。甚至，数年前阅读怀特海的作品时遭受的精神分裂式的痛苦至今依然记忆犹新。有时，思维的内在逻辑强大得难以抵挡，它迫使你不得不去作如此这般的选择。不过，它会通往何处，又会在何处分叉，只有天知道！

我要特别感谢北京大学吴国盛教授对我的博士后研究工作的指导与支持，感谢北京大学孙永平教授、刘华杰教授等对我的博士后出站报告提出的批评性意见。长期以来，浙江大学盛晓明教授总是能够在我陷入思维窘境时及时予以点拨，并对一些核心问题进行建设性指导。第二章的部分内容曾在中国社会科学院哲学研究所青年哲学论坛上宣读过，朱葆伟研究员提出了宝贵建议。第二章与第五章的部分内容曾在全国现象学科技哲学会议上宣读过，感谢与会同仁们的教诲。自 2009 年进入中国社会科学院哲学研究所以来，段伟文研究员对我的研究工作提供了重要支持，深表感谢。

最后，衷心感谢妻子董林群，她的理解与支持使得我享有充分的自由空间，能够心无旁骛地投身于学术研究。此外，本书的形成恰与女儿孟乐水的成长同步，正是她不断教导我如何为人父。

孟　强

2015 年 8 月于北京